ESSAI D'UNE MÉTHODE DE CALCUL COMMUNE AUX DISTANCES LUNAIRES ET AUX OCCULTATIONS

PAR

M. ARAGO

CAPITAINE DE VAISSEAU

(Extrait des *Annales hydrographiques*, 1902)

PARIS
IMPRIMERIE NATIONALE

1902

ESSAI
D'UNE MÉTHODE DE CALCUL
COMMUNE
AUX DISTANCES LUNAIRES
ET AUX OCCULTATIONS

ESSAI
D'UNE MÉTHODE DE CALCUL
COMMUNE
AUX DISTANCES LUNAIRES
ET AUX OCCULTATIONS

PAR

M. ARAGO

CAPITAINE DE VAISSEAU

(Extrait des *Annales hydrographiques*, 1902)

PARIS

IMPRIMERIE NATIONALE

1902

ESSAI

D'UNE MÉTHODE DE CALCUL

COMMUNE

AUX DISTANCES LUNAIRES

ET AUX OCCULTATIONS.

AVANT-PROPOS.

La question des distances lunaires a beaucoup perdu de son importance pour le navigateur, depuis que la vapeur, se substituant presque entièrement à la voile, a bien réduit la longueur des traversées.

Les bons chronomètres sont devenus chose courante et sont aussi l'objet de soins mieux entendus; en outre, les nombreuses déterminations de longitudes faites dans toutes les régions fournissent maintenant, dans la moindre relâche, un nouveau point de départ pour la régulation des montres; par suite, les cas où les indications de celles-ci ont besoin d'être contrôlées en cours de route sont exceptionnels.

Cependant il s'en présente encore et il s'en présentera peut-être toujours. En conséquence, la *Connaissance des Temps* continue, comme par le passé, à préparer pour le navigateur une longue liste de distances lunaires géocentriques, qui permettent la détermination directe de la longitude au moyen d'une observation appropriée et d'un calcul de réduction autrefois classique.

Mais c'est le navigateur lui-même qui se dérobe à l'emploi de ces facilités. La nécessité ne lui en faisant plus une loi, il cesse de pratiquer une observation rarement commode, pénible quelquefois, et dont on ne tire parti qu'au moyen d'un calcul long et délicat. Pour la mesure de la distance, aussi bien que pour le calcul, il faut cependant une assez grande habitude, sous peine de n'obtenir qu'une exactitude véritablement insuffisante.

En vain la *Connaissance des Temps* a augmenté la proportion des observations faciles, en fournissant des petites distances, qui avaient jusque-là été écartées, en raison d'une difficulté dans l'interpolation à laquelle on a trouvé une solution élégante. Il reste le calcul, dont l'intéressé n'a plus l'habitude, et auquel ne prépare nullement la routine journalière du point.

Pourrait-on diminuer cet inconvénient, en rapprochant le procédé de calcul des distances lunaires de l'un de ceux qui sont familiers au marin? En cherchant dans cette voie, nous fûmes amenés à étendre aux distances lunaires une méthode de calcul, aujourd'hui un peu délaissée, des occultations d'astres par la lune, et dont la partie délicate aurait beaucoup d'analogie avec le calcul de la hauteur estimée pour le tracé de la droite de hauteur.

Comme elle n'utilise point les distances géocentriques publiées par la *Connaissance des Temps*, elle se prêterait à leur suppression. Elle aurait le troisième avantage de rappeler, à celui qui l'emploierait, une méthode utile dans le cas où il serait donné d'observer une occultation.

On sait que ce phénomène permet d'obtenir les longitudes avec une exactitude incomparable. Si son utilisation ne s'est pas généralisée, à la mer, cela tient à la rareté, pour un lieu donné, des occultations observables à l'aide de jumelles. Mais enfin, il est déraisonnable de renoncer systématiquement à en tirer parti à l'occasion, et par suite il est utile d'en avoir les moyens.

Parallaxe en ascension droite et en déclinaison. — Avant d'entrer dans plus de détails, il est nécessaire de savoir passer de la position géocentrique d'un astre à la position apparente, dans le système des coordonnées équatoriales.

En adaptant aux notations usitées à l'École navale les formules données dans les traités d'astronomie de Chauvenet (vol. I, p. 119), de Brunnow (édition française, *Astronomie sphérique*, p. 186), etc., et que nous nous dispenserons, par suite, d'établir, on a :

Æ étant l'ascension droite géocentrique d'un axe;
Æ′ l'ascension droite apparente;
D la déclinaison géocentrique;
D′ la déclinaison apparente;
π_0 la parallaxe horizontale équatoriale;
π la parallaxe horizontale pour la latitude L;
d le demi-diamètre tabulaire d'un astre;
d' le demi-diamètre apparent;
Tsg l'heure sidérale du lieu d'observation;
Lg la latitude géocentrique;

$$m = \frac{\sin\pi \cos Lg}{\cos D}, \qquad (Æ' - Æ)'' = \frac{m \sin(Æ - Tsg)}{\sin 1''} + \frac{m^2 \sin 2(Æ - Tsg)}{2 \sin 1''};$$

$$\operatorname{tg}\gamma = \frac{\operatorname{tg} Lg \cos\frac{1}{2}(Æ' - Æ)}{\cos\left[Æ - Tsg + \frac{1}{2}\,\frac{Æ' - Æ}{2}\right]},$$

$$n = \frac{\sin\pi \sin Lg}{\sin\gamma}, \qquad (D' - D)'' = \frac{n \sin(D - \gamma)}{\sin 1''} + \frac{n^2 \sin 2(D - \gamma)}{2 \sin 1''}.$$

Pour la Lune, on passe de π_0 à π à l'aide de la correction donnée par la table XXI de Friocourt ou XXIV de Caillet ou XI de Callet. Pour les autres astres, π peut être pris égal à π_0.

On a aussi :

$$d' = d \frac{\sin(D' - \gamma)}{\sin(D - \gamma)},$$

mais il est plus rapide d'avoir recours à la table XVII de Friocourt ou XXV de Caillet, ou XIII de Callet en y entrant avec une valeur grossière de la hauteur de la Lune, le seul astre pour lequel d et d' soient différents.

De l'emploi de ces formules. — Ces formules étant un peu nouvelles pour la plupart des marins, nous avons cherché à leur en rendre l'emploi pratique. A cet effet, nous donnons des tables qui permettent d'obtenir, par interpolation, les seconds termes, toujours fort petits, de ces formules avec leurs signes.

On ne pouvait guère songer à procurer la même facilité en ce qui concerne les premiers termes, en raison du développement qu'il eût fallu donner aux tables, pour qu'elles fussent rigoureuses. Nous nous sommes borné à donner deux tables fournissant des valeurs approchées (premier terme et majeure partie du second) de la parallaxe en Æ et de la parallaxe en D de la Lune; nous avons dressé aussi un tableau des valeurs approchées de γ; ce seront des guides qui rendront toute erreur bien difficile. Ce n'est du reste pas leur principal objet, comme nous le verrons en parlant de la prédiction des occultations et de la recherche préliminaire des distances lunaires favorables.

Enfin, on a adopté pour le calcul des premiers termes la forme un peu simplifiée

$$1^{\text{er}} \text{ terme } (Æ' - Æ) = \pi \frac{\cos Lg}{\cos D} \sin(Æ - Tsg);$$

$$\text{tg}\,\gamma = \frac{\text{tg}\,Lg \cos\dfrac{Æ' - Æ}{2}}{\cos\left[Æ - Tsg + \dfrac{Æ' - Æ}{2}\right]}.$$

$$1^{\text{er}} \text{ terme } (D' - D) = \pi \frac{\sin Lg}{\sin \gamma} \sin(D - \gamma);$$

en remplaçant sin π par π exprimé en secondes d'arc.

Pour justifier cette modification, rappelons que la différence entre un arc et son sinus est moindre que $\frac{1}{6}$ du cube de l'arc.

La parallaxe de la Lune ne dépassant pas $\frac{1}{56}$, l'erreur commise en remplaçant sin π par π sera moindre que $\frac{1}{6} \times \frac{1}{56^3}$ en parties du rayon, soit 0",2.

Le maximum du facteur $\frac{\cos Lg \sin(Æ - Tsg)}{\cos D}$ étant 1, 1 environ (pour $Lg = 0$, $D_{☾} = 29°$), l'erreur commise sur (Æ' — Æ) ne peut dépasser 0", 2 quantité négligeable dans un calcul de distance lunaire et d'occultation à la mer.

Considérons en second lieu le facteur $\frac{\sin Lg}{\sin \gamma} \sin(D - \gamma)$; l'angle auxiliaire γ étant donné sensiblement par $\operatorname{tg} \gamma = \frac{\operatorname{tg} L}{\cos(Æ - Tsg)}$, la valeur absolue de $\operatorname{tg}\gamma$ est supérieure à $\operatorname{tg} L$ et par suite $L \leqq \gamma \leqq 180° - L$. Dans ces conditions, on a évidemment $\frac{\sin L}{\sin \gamma} \leqq 1$. Donc aussi la limite supérieure des valeurs de ce facteur est < 1, et l'erreur sur $(D' - D)$ ne peut dépasser $0'', 2$.

La substitution peut se faire, *à fortiori*, pour l'astre conjugué, quoique le rapport $\frac{\cos Lg}{\cos D}$ puisse approcher de 3 (pour $D_* = 70°$), parce que la différence entre $\sin \pi$ et π n'est jamais qu'une fraction excessivement faible de seconde.

Le calcul de ces expressions n'exige que cinq décimales. Pour l'astre conjugué, $\cos \frac{(Æ' - Æ)}{2}$ est toujours égal à l'unité et disparaît du calcul.

Introduction d'un terme relatif à la réfraction. — Dans les occultations, il n'y a pas lieu de tenir compte de la réfraction, qui déplace de la même quantité l'astre et le bord du disque lunaire où se produit le phénomène; les formules ci-dessus s'appliquent donc directement.

Il n'en est évidemment pas de même dans le cas des distances lunaires, et il est nécessaire de tenir compte de l'effet de la réfraction sur la position de chacun des astres individuellement; il est possible de le faire d'une façon assez simple.

La parallaxe totale agit suivant l'arc de grand cercle déterminé par l'astre et par le zénith des parallaxes, c'est-à-dire par le rayon terrestre local, tandis que la réfraction se produit suivant le vertical de l'astre. Mais il est facile de voir que ces deux cercles s'écartent fort peu l'un de l'autre, au point de permettre de compter la réfraction, toujours si faible pour des hauteurs supérieures à 10 degrés, aussi bien suivant l'un que suivant l'autre cercle.

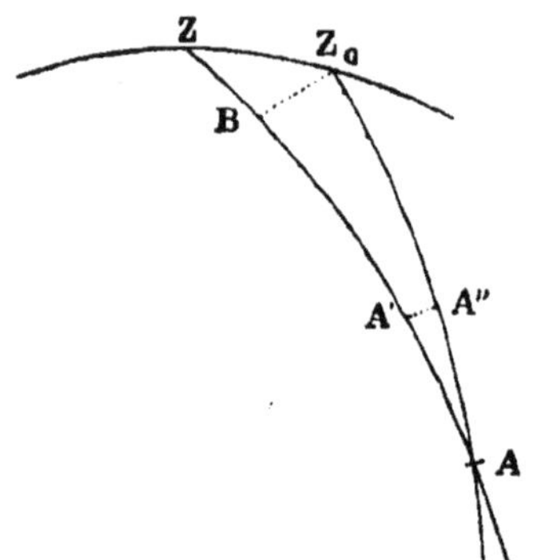

Pour cela,

soient Z le zénith,

Z_0 le zénith des parallaxes,

A la position apparente de l'astre, relative à la position de l'observateur, mais non affectée de la réfraction astronomique. Pour obtenir la position apparente A', affectée de cette dernière, il faudra en porter la valeur de A vers Z. Si au lieu de cela on porte la même quantité de A vers Z_0, on obtient le point A''; calculons l'écart A' A''.

A cet effet, du point A comme pôle décrivons l'arc Z_oB, que l'on peut considérer comme se confondant avec l'arc de grand cercle passant par Z_o et B. La comparaison des triangles A A' A" et A B Z_o permet d'écrire

$$A'A'' = \frac{Z_oB \sin AA'}{\sin AZ_o}$$

A' A" étant exprimé en secondes d'arc, si Z_oB l'est aussi.

A cause de la petitesse de AA', remplaçons sin AA' par AA' sin 1", en convenant d'exprimer AA' en secondes. D'autre part, introduisons la valeur suffisamment exacte dans le cas actuel AA' = 60",57 tg A'Z, il vient

$$A'A'' = \frac{Z_oB\ 60'',57\ tg\ A'Z \sin 1''}{\sin AZ_o},$$

ou, à cause de la faible différence entre sin A'Z et sin AZ_o,

$$A'A'' = \frac{Z_oB\ 60'',57 \sin 1''}{\cos A'Z}.$$

Enfin, comme Z_oB est sensiblement ZZ_o sin Z,

$$A'A'' = \frac{ZZ_o \sin Z\ 60'',57 \sin 1''}{\cos A'Z}.$$

L'écart sera donc maximum quand on aura à la fois ZZ_o maximum (670", ce qui a lieu, comme on sait, pour une latitude voisine de 45°), Z = 90° et A'Z maximum (c'est-à-dire 80°, puisqu'on s'interdit d'observer des distances lunaires, tant que les astres ne sont point élevés de plus de 10° au-dessus de l'horizon). On trouve alors

$$A'A'' = 1'',1.$$

Mais, dès que la hauteur augmente, ou si l'azimut Z s'écarte de 90°, on obtient des valeurs inférieures à 1". Par exemple :

Z restant égal à 90°..	si AZ devient 75°,	A'A" = 0",7.
	si AZ devient 5°,	A'A" = 0",2.
Z devenant 45°.....	si AZ = 80°,	A'A" = 0",75.
	si AZ = 75°,	A'A" = 0",52.
	si AZ = 45°,	A'A" = 0",2.

Cette valeur de A'A" étant négligeable dans tout calcul de distance lunaire, nous en profiterons pour porter la réfraction suivant le cercle passant par l'astre et par le zénith des parallaxes, autrement dit, *nous la combinerons par voie de soustraction avec la parallaxe en hauteur.*

Maintenant remarquons que, dans les formules de parallaxes auxquelles nous nous sommes arrêtés, on peut remplacer π par son expression connue $\frac{\varpi}{\cos H}$, H étant le complément de la distance au zénith des parallaxes et ϖ la parallaxe en hauteur. Dès lors elles permettent, en définitive, de passer de la parallaxe en hauteur à ses composantes dans le système de coordonnées équatoriales. Nous sommes donc fondés à les appliquer à la recherche des composantes (parallaxe en hauteur — réfraction), et pour cela il suffit de remplacer partout π par $\pi' = \frac{\varpi - R}{\cos H}$ ou $\left(\pi - \frac{\cos H}{R}\right)$, R étant la réfraction prise pour la hauteur apparente.

Sous cette forme, les expressions des parallaxes en Æ et en D permettent de passer des coordonnées équatoriales vraies aux coordonnées apparentes réfractées[1].

EXPOSÉ DE LA MÉTHODE.

Nous pouvons maintenant dire en quoi consiste la méthode proposée.

En combinant l'heure notée pour l'observation, et l'état du chronomètre tel qu'on le connaît, on obtiendra une heure de Paris, T*mp*; on pourra toujours se donner une limite de l'erreur dont cette heure est susceptible; supposons-la de deux minutes.

On prendra une époque de Paris plus faible, et une autre plus forte de deux minutes, T*mp* — 2^m et T*mp* + 2^m, qui comprendront probablement celle de l'observation. Pour chacune d'elles, on cherchera dans la *Connaissance des Temps* l'ascension droite et la déclinaison (en tenant compte, pour la Lune, des corrections de Newcomb), la parallaxe et le demi-diamètre des deux astres.

D'autre part, avec les moyennes de ces éléments et la latitude et l'heure[2] sidérale du lieu, on calculera les parallaxes en ascension droite et en déclinaison (prendre π s'il s'agit d'une occultation, et $\left(\pi - \frac{R}{\cos H}\right)$ s'il s'agit

[1] Si l'on conserve la forme primitive des expressions, sin $\pi \frac{\cos Lg}{\cos D}$, etc., on est conduit, pour tenir compte de la réfraction, dans le cas des distances lunaires, à remplacer sin π par sin $\left(\pi - \frac{R}{\cos H}\right)$. C'était la formule primitivement indiquée par nous; mais il a paru que, quoique plus rigoureuse, elle n'était pas pratiquement supérieure à celle ci-dessus, et son établissement nécessiterait d'assez longs développements.

[2] L'heure sidérale est conclue de l'heure notée, en employant un état qui peut être inexact, et une longitude erronée aussi; mais la longitude a été conclue elle-même d'une observation locale, que l'on suppose récente, et de l'état erroné; si bien que les deux erreurs sont exactement inverses et se compenseront.

Si l'observateur s'était déplacé depuis la dernière observation locale, l'heure sidérale conclue serait simplement affectée de l'erreur d'estime en longitude. Il en est ainsi avec la méthode de Borda, lorsqu'on ne peut ou ne veut pas prendre de hauteur simultanée.

d'une distance lunaire), ainsi que les demi diamètres apparents des deux astres.

La parallaxe en ascension droite sera reportée sur chacune des deux valeurs vraies de l'ascension droite, et la parallaxe en déclinaison sur chacune des deux valeurs vraies de la déclinaison.

Si l'on n'y prend garde, on est tenté d'attribuer aux coordonnées résultantes la signification de coordonnées apparentes; mais il n'en est point ainsi, puisque les parallaxes sont calculées pour une époque différente de celle de ces coordonnées; nous les appellerons coordonnées auxiliaires.

Il n'est point inutile de se rendre compte, sur une figure, de la différence qui existe entre les positions auxiliaires et les positions apparentes : soit L une position vraie de la Lune sur la sphère céleste; LZ le vertical correspondant. La position apparente s'obtiendra en portant Ll égal à (parallaxe en hauteur-réfraction).

Considérons une autre position vraie L_1, pour une époque voisine ; la position auxiliaire s'obtiendra en menant $L_1 \lambda_1$ égal et parallèle à Ll. Mais, en vertu du mouvement diurne, le zénith s'est déplacé, et le vertical est venu en $L_1 Z_1$. Remarquons que le déplacement lunaire par minute de temps n'est guère que de 30″, tandis que celui du zénith, compté sur un élément d'arc de grand cercle, est de (15′ × cos Latitude), soit 15′ quand l'observateur est à l'équateur et 7′30″ quand il se trouve par 60° de latitude, etc. Il en résulte que, très généralement, les verticaux successifs de la lune présenteront une convergence du côté opposé au zénith, c'est-à-dire comme dans la figure.

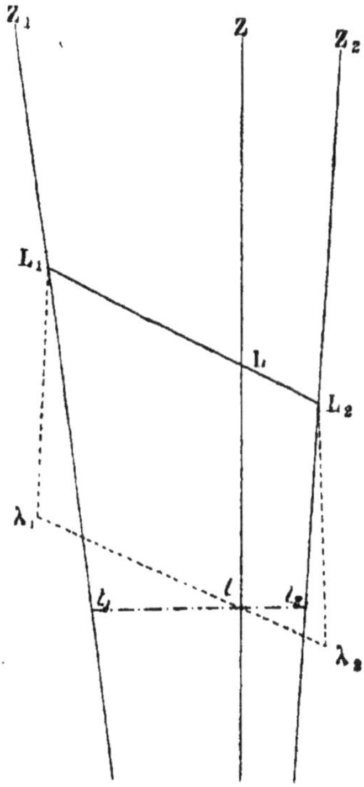

Pour avoir la seconde position apparente, il faudra porter $L_1 l_1$ égal à la nouvelle valeur de (parallaxe en hauteur — réfraction).

Si nous considérions une troisième position vraie L_2, pour une époque précédant celle de L, le vertical correspondant serait tel que $L_2 Z_2$; la position auxiliaire serait λ_2, et la position apparente l_2.

On voit que le déplacement $\lambda_2 \lambda_1$ des positions auxiliaires est égal et parallèle au déplacement vrai $L_2 L_1$; au contraire, en vertu de la convergence des verticaux, le déplacement apparent $l_2 l_1$ est moindre.

Pour l'astre conjugué, on doit remarquer que la réfraction l'emporte sur la parallaxe en hauteur; la position apparente est donc comprise entre la position vraie et le zénith; de sorte que la convergence des positions successives des verticaux, sur la sphère céleste, a pour effet de rendre le déplacement apparent supérieur en grandeur au déplacement vrai et au déplacement des positions auxiliaires; ces derniers sont du reste nuls pour une étoile.

Maintenant, considérons séparément les coordonnées auxiliaires de deux astres qui correspondent à l'époque T*mp* — 2, et celles qui correspondent à l'époque T*mp*+2; on peut, pour chaque groupe, calculer une distance que l'on appellera auxiliaire. Et, puisque l'on connaît les déclinaisons auxiliaires et la différence des ascensions droites auxiliaires des deux astres, cette distance s'obtiendra par la formule dont on a l'habitude de se servir pour le calcul de la hauteur estimée dans la détermination de la droite de hauteur[1]; il faudra, il est vrai, calculer rigoureusement avec 6 décimales, ou mieux avec 7.

L'opération ne sera pas sensiblement plus longue pour les deux distances que pour une seule, les arguments pour la recherche des logarithmes étant fort voisins.

Cela fait, on considérera la variation de la distance auxiliaire comme uniforme pendant le très petit nombre de minutes qui séparent les deux époques extrêmes adoptées. Une simple proportion permettra donc de calculer l'heure de Paris pour laquelle la distance auxiliaire devient égale à la distance observée, préalablement ramenée aux centres des astres.

Pour cette heure spécialement, la distance auxiliaire serait évidemment aussi la distance apparente, si la parallaxe en ascension droite et la parallaxe en déclinaison employées correspondaient rigoureusement : 1° aux coordonnées du lieu; 2° à celles des astres, pour l'instant de l'observation. La première condition est remplie, aux erreurs près des données; la deuxième condition l'est moins, en apparence, parce que le calcul des parallaxes a été fait avec des valeurs de coordonnées des astres prises pour l'époque moyenne que l'on s'est donnée, et non pour l'heure de Paris, encore inconnue, de l'observation. Heureusement, les erreurs sur les coordonnées de l'astre n'ont qu'une très petite influence sur les valeurs des parallaxes, comme ce sera établi ci-après. Si l'on en fait abstraction, l'heure calculée par la proportion ci-dessus ne sera autre que l'époque de Paris pour laquelle la distance apparente est égale à la distance observée; autrement dit, ce sera l'heure de Paris de l'observation.

[1] Cependant, lorsque la distance sera inférieure à 3°, 5, ce qui est toujours le cas des occultations, il y aura avantage à considérer cette distance comme étant l'hypothénuse d'un triangle rectiligne rectangle ayant pour côtés : 1° la différence des déclinaisons auxiliaires ; 2° la différence des ascensions droites auxiliaires multipliée par le cosinus de la moyenne déclinaison. L'emploi de la formule $a^2 = b^2 + c^2$ ne peut embarrasser personne.

ÉTUDE DE L'INFLUENCE DES ERREURS.

M. le commandant Fayet a bien voulu, avec sa grande compétence, faire l'étude des erreurs que l'on pourrait avoir à craindre dans l'emploi des formules. Nous sommes autorisé à la reproduire ici[1].

Étude des erreurs dans le calcul de la distance auxiliaire. — Soient D′ et Æ′ les coordonnées auxiliaires de la Lune, D'_1 et $Æ'_1$ celles de l'astre conjugué. La distance auxiliaire est donnée par la formule

$$\cos \Delta' = \sin D' \sin D'_1 + \cos D' \cos D'_1 \cos (Æ' - Æ'_1).$$

1° *Influence d'une erreur sur* $(Æ' - Æ'_1)$.

$$-\sin \Delta \frac{d\Delta}{d(Æ' - Æ'_1)} = -\cos D' \cos D'_1 \sin (Æ' - Æ'_1).$$

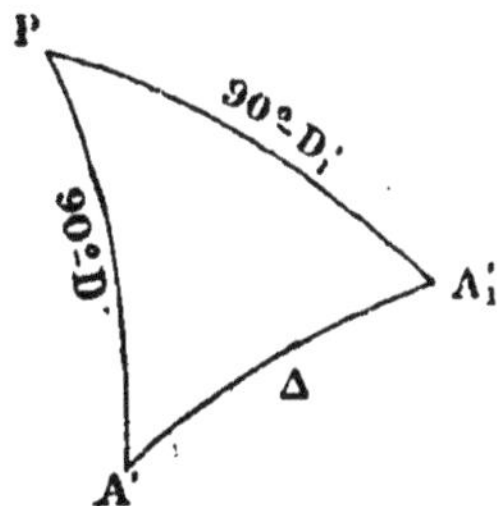

On a par la formule des sinus :

$$\frac{\sin (Æ' - Æ'_1)}{\sin \Delta} = \frac{\sin A'}{\cos D'_1} = \frac{\sin A'_1}{\cos D'}.$$

Donc $\frac{d\Delta}{d(Æ' - Æ'_1)} = \cos D' \sin A' = \cos D'_1 \sin A'_1$.

2° *Influence d'une erreur sur* D′.

$$-\sin \Delta \frac{d\Delta}{dD'} = \cos D' \sin D'_1 - \sin D' \cos D'_1 \cos (Æ' - Æ'_1)$$

$$\text{ou } \frac{d\Delta}{dD'} = -\cos A'.$$

[1] Au moment de donner plus de publicité à une méthode que nous avions simplement introduite, en 1886-1887, dans les feuilles autographiées de l'École d'application, nous avons la bonne fortune de pouvoir profiter, pour la rendre claire et pratique dans ses détails, des avis des professeurs de navigation et de calculs nautiques de l'École navale; ces messieurs ont bien voulu, notamment, mettre leur expérience à la revision des tables diverses et des exemples qui accompagnent ce travail; qu'ils reçoivent ici nos remerciements.

3° *Influence d'une erreur sur* D'_1.

On a de même $\frac{d\Delta}{dD'_1} = -\cos A'_1$.

Remarquons que $d\,(Æ' - Æ'_1)$ est la différence des erreurs totales commises dans le calcul des parallaxes en Æ des deux astres, que dD' et dD'_1 sont les erreurs totales sur les parallaxes en déclinaison.

Si l'on pose

$$\alpha = (Æ' - Æ),\ \alpha_1 = (Æ'_1 - Æ_1),$$

$$\delta = (D' - D),\ \delta_1 = (D'_1 - D_1),$$

on aura donc :

$$(1) \qquad \frac{d\Delta}{d\,(\alpha - \alpha_1)} = \cos D' \sin A' = \cos D'_1 \sin A'_1,$$

$$(2) \qquad \frac{d\Delta}{d\delta} = -\cos A',$$

$$(3) \qquad \frac{d\Delta}{d\delta_1} = -\cos A'_1.$$

Les erreurs $d\alpha$, $d\alpha_1$, $d\delta$, $d\delta_1$, pouvant se reporter intégralement sur Δ, les éléments α, α_1, δ, δ_1 doivent être calculées avec toute la précision possible. Évaluons ces erreurs en fonctions des erreurs des données.

Influence des erreurs des données du calcul de α. — Il suffit d'étudier la formule approchée

$$\alpha = m \sin P = \pi \frac{\cos L \sin P}{\cos D},$$

en se rappelant que π doit être remplacé par $\pi - \frac{R}{\cos H}$. Les données du calcul sont donc π, P, L et D. On a, en différentiant :

$$\frac{d\alpha}{d\pi} = \frac{\cos L \sin P}{\cos D},$$

$$\frac{d\alpha}{dP} = -\pi \frac{\cos L \cos P}{\cos D},$$

$$\frac{d\alpha}{dL} = -\pi \frac{\sin L \sin P}{\cos D},$$

$$\frac{d\alpha}{dD} = \pi \frac{\cos L \sin D \sin P}{\cos^2 D}.$$

A chacune de ces erreurs partielles sur α correspond une erreur sur Δ, que nous aurons par la formule (1). La substitution donne, en remarquant que $\frac{\cos D'}{\cos D}$ peut être pris égal à 1.

$$(4) \qquad \frac{d\Delta}{d\pi} = \cos L \sin P \sin A',$$

$$(5) \qquad \frac{d\Delta}{dP} = -\pi \cos L \cos P \sin A',$$

$$(6) \qquad \frac{d\Delta}{dL} = -\pi \sin L \sin P \sin A',$$

$$(7) \qquad \frac{d\Delta}{dD} = \pi \cos L \sin P \operatorname{tg} D \sin A'.$$

On voit d'abord que ces erreurs sont maxima lorsque l'angle à la Lune est voisin de 90 degrés dans le triangle Pôle-Lune-Astre, condition qui sera souvent réalisée.

Influence de $d\pi$. — Elle est maximum pour $L = 0$ et $P = 90°$, conditions incompatibles, puisque l'on n'observe pas lorsque les hauteurs sont inférieures à 10 degrés, mais on peut avoir $L = 0$ et $P = 80°$, ce qui donne $\frac{d\Delta}{d\pi}$ très voisin de 1, si $A' = 90°$.

L'erreur sur $\pi - \frac{R}{\cos H}$ peut donc se reporter presque intégralement sur la distance calculée. L'erreur sur π ne peut guère dépasser 0",1 pour 2 minutes d'erreur sur l'heure de Paris; quant à l'erreur sur $\frac{R}{\cos H}$, elle n'est pas à craindre malgré la présence de $\cos H$ en dénominateur, car l'expression de $\frac{d\Delta}{d\pi}$ peut s'écrire $\frac{d\Delta}{d\pi} = \cos H \sin \hat{A} \sin A'$, en désignant par $\hat{A}$ l'angle à l'astre du triangle de position; $\cos H$ disparaîtra donc. — On calculera R, comme π, à 0", 1 près.

Influence de dP. — Elle est maximum pour $L = 0$ et $P = 0$ et ce maximum peut atteindre $\frac{1}{56}$ de dP, en prenant $\pi = \frac{1}{56}$ (valeur maximum pour la Lune).

Influence de dL. — Elle est maximum pour $L = 65°$ (limite pratique) et $P = 90°$, et ce maximum peut atteindre $\frac{1}{62}$ de dL.

Influence de dD. — (Il s'agit ici de l'erreur sur la déclinaison employée pour le calcul de α.) — Elle est maximum pour $L = 0$, $P = 90°$ et $D = 29°$, conditions incompatibles; mais on peut avoir $L = 0$, $P = 78°$, $D = 29°$, ce qui donne pour $\frac{d\Delta}{dD}$ un maximum voisin de $\frac{1}{135}$.

En résumé, pour le calcul de α, on doit prendre $\pi - \frac{R}{\cos H}$ aussi précis que possible et se rappeler que chaque minute d'erreur sur P ou sur L peut donner 1 seconde sur la distance calculée. L'erreur sur D a une influence deux fois moindre, et en outre cet élément est connu bien plus exactement que L et surtout que P. L'erreur sur P est, en effet, la somme des erreurs sur T*sg* et sur Æ.

Influence des erreurs des données du calcul de α_1. — Pour appliquer à l'astre conjugué l'étude des erreurs faite précédemment pour la Lune, il suffit des deux remarques suivantes :

1° La déclinaison de l'astre conjugué peut atteindre 70 degrés, maximum pratique, tandis que celle de la Lune ne dépasse pas 29 degrés.

2° Le facteur $\pi - \frac{R}{\cos H}$, que nous avons désigné par π, se réduit à peu près à $-\frac{R}{\cos H}$ pour l'astre conjugué; son maximum pratique (pour $H = 10°$) est 5',4 environ, c'est-à-dire $\frac{1}{625}$ en parties du rayon, tandis que le facteur $\pi - \frac{R}{\cos H}$ pour la Lune peut atteindre $\frac{1}{56}$.

Influence de $d\pi_1$. — Elle donne lieu aux mêmes remarques et aux mêmes recommandations que pour la Lune.

Influence de dP_1. — Le maximum de $d\Delta$ est inférieur à $\frac{1}{625}$ de dP_1.

Influence de dL. — Le maximum de $d\Delta$ est inférieur à $\frac{1}{690}$ de dL.

Influence de dD_1. — Le maximum réalisable a lieu dans les environs de $L = 0$, $P_1 = 60°$, $D_1 = 70°$, et ce maximum est voisin de $\frac{1}{450}$ de dD_1.

En résumé, pour le calcul de α_1, on doit prendre $\pi_1 - \frac{R_1}{\cos H_1}$ aussi exactement que possible. Quand aux erreurs sur P_1, sur L et sur D_1, elles n'ont pas d'influence sensible.

Influence des erreurs des données du calcul de δ. — Prenons les formules approchées

$$\text{tg}\, \gamma = \frac{\text{tg}\, L}{\cos P'}, \tag{8}$$

$$n = \pi \frac{\sin L}{\sin \gamma}, \tag{9}$$

$$\delta = n \sin (D - \gamma). \tag{10}$$

Pour écrire ces formules, nous avons posé $\cos \frac{\alpha}{2} = 1$, ce qui ne changera pas sensiblement les résultats, et $P' = P + \frac{\alpha}{2}$, cet angle P' étant égal à l'angle P à moins d'un degré près.

Les données du calcul sont π, L, P' et D.

Nous pouvons remarquer dès maintenant que chacune des erreurs partielles $d\delta$ que nous allons étudier donnera, d'après (2), une erreur $d\Delta = -d\delta \cos A'$. Or, si on limite à 50° l'angle de la distance avec l'orbite lunaire, l'angle A' (ou son supplément) ne peut être inférieur à $90° - (50° + 29°) = 11°$, si la déclinaison D est nulle, ni inférieur à $90° - 50° = 40°$, si la déclinaison D est voisine de son maximum. Le maximum de $d\Delta$, sensiblement égal à celui de $d\delta$ dans le premier cas, n'en sera que les $\frac{77}{100}$ dans le second.

Influence d'une erreur sur π. — La différentiation donne :

$$\frac{d\delta}{d\pi} = \frac{\sin L}{\sin \gamma} \sin (D - \gamma).$$

Le rapport $\frac{\sin L}{\sin \gamma}$ est au plus égal à 1 (pour $P' = 0$), donc l'erreur $d\delta$ ne peut dépasser l'erreur $d\pi$. Ce maximum peut être presque atteint si l'on a par exemple $L = 51°$, $\gamma = 51°$ et $D = 29°$. De là, la nécessité de prendre $\pi - \frac{R}{\cos H}$ aussi précis que dans le calcul de α.

Influence d'une erreur sur L. — Différentions (8),

$$\frac{1}{\cos^2 \gamma} \frac{d\gamma}{dL} = \frac{1}{\cos^2 L \cos P'},$$

$$\frac{d\gamma}{dL} = \frac{\cos^2 P'}{\operatorname{tg}^2 L + \cos^2 P'} \frac{1}{\cos^2 L \cos P'} = \frac{\cos P'}{\sin^2 L + \cos^2 L \cos^2 P'}.$$

Différentions (9) logarithmiquement,

$$\begin{aligned} \frac{dn}{n} &= \operatorname{cotg} L dL - \operatorname{cotg} \gamma\, d\gamma, \\ &= \operatorname{cotg} L dL - \frac{\cos P'}{\operatorname{tg} L} \frac{\cos P'}{\sin^2 L + \cos^2 L \cos^2 P'} dL, \\ &= \operatorname{cotg} L dL \left[1 - \frac{\cos^2 P'}{\sin^2 L + \cos^2 L \cos^2 P'} \right], \\ &= \frac{1}{2} \sin 2L dL \frac{\sin^2 P'}{\sin^2 L + \cos^2 L \cos^2 P'}. \end{aligned}$$

Différentions de même (10),

$$\begin{aligned} \frac{d\delta}{\delta} &= \frac{dn}{n} - \operatorname{cotg} (D - \gamma) d\gamma, \\ &= \frac{1}{2} \sin 2L dL \frac{\sin^2 P'}{\sin^2 L + \cos^2 L \cos^2 P'} - \operatorname{cotg} (D - \gamma) \frac{\cos P'}{\sin^2 L + \cos^2 L \cos^2 P'} dL. \end{aligned}$$

Remarquons que

$$\delta = \pi \frac{\sin L}{\sin \gamma} \sin(D-\gamma),$$

$$= \pi \sin L \sin(D-\gamma) \frac{\sqrt{\operatorname{tg}^2 L + \cos^2 P'}}{\operatorname{tg} L},$$

$$= \pi \sin L \sin(D-\gamma) \sqrt{\sin^2 L + \cos^2 L \cos^2 P'}.$$

La substitution dans $\frac{d\delta}{dL}$ donne :

$$(11) \qquad \frac{d\delta}{dL} = \frac{\pi}{2} \sin(D-\gamma) \sin 2L \frac{\sin^2 P'}{\sqrt{\sin^2 L + \cos^2 L \cos^2 P'}}$$

$$- \pi \cos(D-\gamma) \frac{\cos P'}{\sqrt{\sin^2 L + \cos^2 L \cos^2 P'}}.$$

Étudions successivement les deux termes de (11) :

$$1^{\text{er}} \text{ terme} = \frac{\pi}{2} \sin(D-\gamma) \sin 2L \frac{\sin^2 P'}{\sqrt{\sin^2 L + \cos^2 L \cos^2 P'}}.$$

Pour $P' = 90°$, le facteur en P' atteint son maximum $\frac{1}{\sin L}$, et le 1er terme devient $\pi \sin(D-\gamma) \cos L$. Le maximum répondrait donc aux conditions incompatibles $P' = 90°$, $L = 0$, $D - \gamma = 90°$. Après quelques tâtonnements, on trouve que les conditions $P' = 90°$, $L = 20°$, $D = 29°$ donnent à peu près le maximum du premier terme, égal à $\pi \times 0{,}82 = \frac{1}{68}$.

$$2^{\text{e}} \text{ terme} = \pi \cos(D-\gamma) \frac{\cos P'}{\sqrt{\sin^2 L + \cos^2 L \cos^2 P'}}.$$

Le facteur en P' est maximum pour $P' = 0$ et devient l'unité. Le maximum du 2e terme est donc $\pi \cos(D-\gamma)$; et, comme pour $P' = 0$, on a $\gamma = L$, on voit que $\cos(D-\gamma) = \cos(D-L)$ qui peut atteindre l'unité. Le maximum du 2e terme est donc $\frac{1}{56}$.

Étant donné que $\sin(D-\gamma)$ et $\cos(D-\gamma)$, que $\sin P'$ et $\cos P'$ sont en facteurs respectivement dans les deux termes de l'expression de $\frac{d\delta}{dL}$, on voit que l'un des termes est négligeable lorsque l'autre est voisin de son maximum. La valeur de $\frac{d\delta}{dL}$ ne peut donc guère dépasser $\frac{1}{56}$.

On peut admettre par suite que chaque minute d'erreur sur la valeur de L employée pour le calcul de δ ne peut donner plus de 1″ d'erreur sur Δ.

Influence d'une erreur sur P'. — Différentions (8) $\operatorname{tg}\gamma = \frac{\operatorname{tg} L}{\cos P'}$,

$$\frac{1}{\cos^2\gamma}\frac{d\gamma}{dP'} = \frac{\operatorname{tg} L \sin P'}{\cos^2 P'},$$

$$\frac{d\gamma}{dP'} = \frac{\operatorname{tg} L \sin P'}{\cos^2 P'}\,\frac{\cos^2 P'}{\operatorname{tg}^2 L + \cos^2 P'},$$

$$= \frac{\operatorname{tg} L \sin P'}{\operatorname{tg}^2 L + \cos^2 P'}.$$

Différentions (9) $n = \pi\frac{\sin L}{\sin\gamma}$,

$$\frac{dn}{n} = -\operatorname{cotg}\gamma\, d\gamma$$

$$= -\frac{\cos P'}{\operatorname{tg} L}\,\frac{\operatorname{tg} L \sin P'}{\operatorname{tg}^2 L + \cos^2 P'}\,dP' = -\frac{\sin P' \cos P'}{\operatorname{tg}^2 L + \cos^2 P'}\,dP'.$$

Différentions (10) $\delta = n \sin(D - \gamma)$,

$$\frac{d\delta}{\delta} = \frac{dn}{n} - \operatorname{cotg}(D - \gamma)\, d\gamma$$

$$= -\frac{\sin P' \cos P'}{\operatorname{tg}^2 L + \cos^2 P'}\,dP' - \operatorname{cotg}(D-\gamma)\frac{\operatorname{tg} L \sin P'}{\operatorname{tg}^2 L + \cos^2 P'}\,dP'.$$

Nous avons trouvé plus haut :

$$\delta = \pi \sin L \sin(D - \gamma)\frac{\sqrt{\operatorname{tg}^2 L + \cos^2 P'}}{\operatorname{tg} L}.$$

Donc

$$\frac{d\delta}{dP'} = -\pi \sin(D-\gamma)\cos L\,\frac{\sin P' \cos P'}{\sqrt{\operatorname{tg}^2 L + \cos^2 P'}} \tag{12}$$

$$-\pi \cos(D-\gamma)\sin L\,\frac{\sin P'}{\sqrt{\operatorname{tg}^2 L + \cos^2 P'}}.$$

Etudions successivement les deux termes de (12) :

$$1^{\text{er}}\ \text{terme} = -\pi \sin(D-\gamma)\cos L\,\frac{\sin P' \cos P'}{\sqrt{\operatorname{tg}^2 L + \cos^2 P'}}.$$

Le facteur $\frac{\cos L}{\sqrt{\operatorname{tg}^2 L + \cos^2 P'}}$ est maximum pour $L = 0$ et prend la valeur $\frac{1}{\cos P'}$. Le premier terme devient alors $\pi \sin(D-\gamma)\sin P'$. Le maximum répond donc aux conditions incompatibles $L = 0$, $P' = 90°$, $D - \gamma = 90°$. Quelques tâtonnements conduisent aux conditions $L = 0$, $P' = 80°$, $D = 29°$ qui donnent à peu près le maximum du 1er terme, $\pi \times 0{,}478 = \frac{1}{117}$.

$$2^e \text{ terme} = \pi \cos(D - \gamma) \sin L \frac{\sin P'}{\sqrt{\operatorname{tg}^2 L + \cos^2 P'}}.$$

Le rapport $\frac{\sin L \sin P'}{\sqrt{\operatorname{tg}^2 L + \cos^2 P'}}$ est maximum pour $P' = 90°$ et prend la valeur $\cos L$. Le 2e terme devient alors $\pi \cos(D - \gamma) \cos L$. Le maximum répond donc aux conditions incompatibles $P' = 90°$, $L = 0$, $(D - \gamma) = 0$. On trouve que les conditions réalisables qui donnent le maximum sont voisines de $L = 15°$, $P' = 80°$, $D = 29°$, et ce maximum est $\pi \times 0{,}82 = \frac{1}{68}$ environ.

On remarque d'ailleurs que $\sin(D - \gamma)$ et $\cos(D - \gamma)$ sont respectivement en facteurs dans les deux termes étudiés, que par suite l'un est très petit lorsque l'autre est voisin de son maximum. Donc chaque minute d'erreur sur la valeur de P' employée pour le calcul de δ ne donnera pas plus de 1″ d'erreur sur Δ.

Influence d'une erreur sur D. — Différentions (10) $\delta = n \sin(D - \gamma)$,

$$\frac{d\delta}{dD} = n \cos(D - \gamma) = \pi \frac{\sin L}{\sin \gamma} \cos(D - \gamma),$$

$$= \pi \cos(D - \gamma) \sin L \frac{\sqrt{\operatorname{tg}^2 L + \cos^2 P'}}{\operatorname{tg} L},$$

$$= \pi \cos(D - \gamma) \cos L \sqrt{\operatorname{tg}^2 L + \cos^2 P'}.$$

Le radical est maximum pour $P' = 0$, et le second membre prend la valeur $\pi \cos(D - \gamma)$; et, comme on peut avoir en même temps $D - \gamma = 0$, on voit que le maximum de l'expression de $\frac{d\delta}{dD}$ est de $\frac{1}{56}$.

Chaque minute d'erreur sur la valeur de D employée dans le calcul de δ ne donnera pas plus de 1 seconde d'erreur sur Δ. Cette erreur, comme nous l'avons dit, est moins à craindre que les précédentes.

Remarque. — L'expression exacte de $\operatorname{tg} \gamma$ contient le facteur $\cos \frac{Æ' - Æ}{2}$. La correction $\frac{Æ' - Æ}{2}$ étant connue très exactement (à quelques secondes près), il n'y a pas lieu de considérer l'influence de l'erreur commise sur cet élément. Étant donné que $\frac{Æ' - Æ}{2}$ est très petit, l'erreur sur $\cos \frac{Æ' - Æ}{2}$ est d'ailleurs absolument négligeable, même si l'on arrondit la valeur de l'arc pour l'entrée dans la table.

Quant aux quelques secondes d'erreur sur la valeur de $\frac{Æ' - Æ}{2}$ qui s'ajoute à P dans le dénominateur de l'expression de $\operatorname{tg} \gamma$, nous pouvons les supposer ajoutées à l'erreur parfois notable de P pour donner l'erreur sur l'angle $P + \frac{Æ' - Æ}{2}$ que nous avons nommé P'.

Influence d'une erreur sur γ. — Dans l'étude précédente, nous avons supposé que l'erreur $d\gamma$ ne provient que de l'erreur commise sur l'une des données. Cherchons ce qui peut résulter d'une erreur indépendante $d\gamma$ provenant de ce que l'on prend cet angle sans l'interpolation dans la table de logarithmes.

Différentions les formules (9) et (10) :

$$(9) \qquad n = \pi \frac{\sin L}{\sin \gamma},$$

$$(10) \qquad \delta = n \sin (D - \gamma).$$

$$\frac{dn}{n} = -\operatorname{cotg} \gamma d\gamma,$$

$$\frac{d\delta}{\delta} = \frac{dn}{n} - \operatorname{cotg} (D - \gamma)\, d\gamma,$$

$$= \operatorname{cotg} \gamma d\gamma - \operatorname{cotg} (D - \gamma) d\gamma;$$

d'où

$$(13) \qquad \frac{d\delta}{d\gamma} = -\delta \operatorname{cotg} \gamma - \delta \operatorname{cotg} (D - \gamma).$$

Le premier terme du deuxième membre provient de l'erreur sur le γ de la formule (9), et le deuxième terme provient de l'erreur sur le γ qui entre dans la formule (10) par $\sin (D - \gamma)$.

Étudions d'abord le deuxième terme :

$$\delta \operatorname{cotg} (D - \gamma) = \pi \frac{\sin L}{\sin \gamma} \cos (D - \gamma).$$

C'est précisément l'expression de $\frac{d\delta}{dD}$ qui a été étudiée précédemment et dont le maximum est $\frac{1}{56}$.

Par conséquent, le γ à introduire dans le facteur $\sin (D - \gamma)$ est toujours suffisant à 0',5 près.

Considérons maintenant le premier terme :

$$\delta \operatorname{cotg} \gamma = \pi \frac{\sin L}{\sin \gamma} \sin (D - \gamma) \frac{\cos P'}{\operatorname{tg} L},$$

$$= \pi \sin (D - \gamma) \cos L \cos P' \frac{\sqrt{\operatorname{tg}^2 L + \cos^2 P'}}{\operatorname{tg} L}.$$

Pour $P' = 0$, ce terme devient maximum et égal à $\pi \sin (D - \gamma) \frac{1}{\operatorname{tg} L}$.

Si l'on a L voisin de 0° (avec $P' = 0$), γ sera sensiblement égal à L, par suite voisin de 0, donc $\sin(D-\gamma)$ sera sensiblement $\sin D$ qui peut approcher de $\frac{1}{2}$. Le calcul ne peut plus, sans certaines précautions, donner une approximation suffisante.

Si l'on suppose en effet $L = 0°,5$, $D = 29°$, $P' = 0$, on pourrait avoir le premier terme de l'expression de $\frac{d\delta}{d\gamma}$ égal à $\frac{1}{56} \times \frac{1}{2} \times 114 = 1$. — 10 secondes d'erreur sur γ donneraient 10 secondes d'erreur sur le résultat, et le danger augmente si L devient inférieur à 0°,5.

Si l'on remarque que ce danger provient de ce que $\log \sin \gamma$ varie alors beaucoup pour 1″ d'erreur sur γ, on l'évitera en calculant $\log \sin \gamma$ sans passer par l'arc γ lui-même, en interpolant avec $\log \operatorname{tang} \gamma$ comme point de départ. On a ainsi $\log \sin \gamma$ très exactement. On peut adopter cette règle pour les valeurs de γ inférieures à 6° par exemple.

De 6° à 30° on prendrait γ sans interpolation à 7″,5 près dans la table de Friocourt. — Au-dessus de 30°, le calcul de γ à 0′,5 suffit.

Si l'on tient à éviter les interpolations au-dessous de 30°, lorsque l'on se sert de la table de Houel, il suffit de remplacer la formule (9) par la suivante :

$$n = \pi \frac{\cos L}{\cos \gamma} \frac{\cos\left(P + \frac{\alpha}{2}\right)}{\cos \frac{\alpha}{2}}. \tag{9'}$$

Le calcul de (9′) n'est guère plus long que celui de (9), puisque l'on a déjà $\log \cos\left(P + \frac{\alpha}{2}\right)$ et $\log . \cos \frac{\alpha}{2}$.

Cette formule est supérieure à la formule (9) pour les valeurs de γ inférieures à 30°; il est inutile de la différentier pour s'en assurer puisque, dans ces limites, les facteurs $\cos L$, $\cos \gamma$, $\cos \frac{\alpha}{2}$ restent voisins de l'unité. Quant à $\cos\left(P + \frac{\alpha}{2}\right)$, il peut être plus petit, ce qui n'a aucun inconvénient puisqu'il est en numérateur.

En résumé, le calcul de δ donne lieu aux mêmes remarques que le calcul de α : calculer $\pi - \frac{R}{\cos H}$ aussi exactement que possible, et se rappeler que chaque minute d'erreur sur P, sur L ou sur D peut donner 1 seconde sur la distance calculée; en outre, prendre les précautions indiquées pour le calcul de l'angle auxiliaire γ.

Influence des erreurs des données du calcul de δ. — Si l'on examine les expressions des erreurs sur δ provenant de dL, de dP', de dD, on voit que D n'y entre que par $\cos(D-\gamma)$ ou $\sin(D-\gamma)$ en facteur au numérateur de chacun des deux termes. La variation de D entre la limite 29° pour la Lune et la limite 70° pour l'astre conjugué ne peut faire varier que du simple au double les valeurs de sin $(D - \gamma)$ ou de cos $(D - \gamma)$ qui correspondent aux maxima trouvés; et, comme d'autre part, le maximum du facteur π $\left(\text{égal à } \pi - \frac{R}{\cos H}\right)$ devient 11 fois plus faible que pour la Lune, on voit que l'on aura à peu près les maxima des erreurs en prenant le $\frac{1}{5}$ des maxima trouvés pour la Lune.

On peut donc dire que chaque minute d'erreur sur L, sur P'_1 ou sur D, ne peut guère donner plus de 0",2 d'erreur sur la parallaxe en déclinaison de l'astre conjugué, et par suite sur la distance calculée.

Quant à l'erreur sur $\pi_1 - \frac{R_1}{\cos H_1}$, elle peut encore se reporter presque intégralement sur Δ.

Il reste à chercher l'influence d'une erreur sur l'angle auxiliaire γ_1.

L'expression du rapport $\frac{d\delta}{d\gamma}$ se compose de deux termes, dont le deuxième, qui ne peut dépasser $\frac{1}{56}$ pour la Lune, sera inférieur à $\frac{1}{630}$ pour l'astre conjugué. Le γ à introduire dans le facteur sin $(D - \gamma)$ sera donc toujours assez exact pour que l'erreur qui en résulterait soit négligeable.

Le premier terme de l'expression du rapport $\frac{d\delta}{d\gamma}$, dont le maximum (pour $P' = 0$) est $\pi \sin (D - \gamma) \frac{1}{\operatorname{tg} L}$, montre que le danger existe pour l'astre conjugué comme pour la Lune, quoique à un degré moindre, lorsque L est très petit.

Si l'on suppose, par exemple, $L = 0°,5$, $P'_1 = 0$, $D_1 = -70°$, on aura $H_1 = 19°,5$ et $\frac{R_1}{\cos H_1} = 2',86 = \frac{1}{1230}$. On en déduit $\frac{109}{1230} = \frac{1}{11}$ pour la valeur du 1er terme de $\frac{d\delta_1}{d\gamma_1}$. Le calcul du γ à 0',5 près serait donc insuffisant.

Pour éviter le changement de formule, on peut convenir de passer directement de log tg γ à log sin γ, pour les valeurs de γ inférieures à 4 degrés. Au delà, le calcul de γ à 0',5 suffit.

En résumé, pour le calcul de δ_1, on doit prendre $\pi_1 - \frac{R_1}{\cos H_1}$ aussi exactement que possible, et calculer log sin γ par le procédé indiqué, pour les valeurs de γ inférieures à 4 degrés. — Les erreurs sur P_1, sur L et sur D_1 n'ont qu'une influence très faible.

T. A.

PARALLAXE EN ASCENSION DROITE.

(LUNE.)

Exprimer $\left(\pi - \frac{R}{\cos H}\right)$ *en minutes d'arc, multiplier ce nombre par le facteur pris dans la table ci-après (en considérant les différences comme proportionnelles), enfin diviser par 1000 ; le résultat exprimera des minutes d'arc.*

Si la Lune est dans l'Ouest du méridien, c'est-à-dire si $Æ - Tsg < 0$, *donner le signe — au facteur pris dans ce tableau.*

D = 0 — Æ − Tsg > 0	LATITUDE GÉOGRAPHIQUE.										
	0	± 8	± 16	± 24	± 28	± 32	± 36	± 40	± 42	± 44	± 46
+ 1°	+ 18	+ 18	+ 17	+ 16	+ 16	+ 15	+ 14	+ 14	+ 13	+ 13	+ 12
2	36	35	34	33	31	30	28	27	26	26	25
3	53	53	51	48	47	45	43	41	39	38	37
4	71	70	68	65	63	60	57	54	53	51	48
5	89	88	85	81	78	75	72	68	66	64	61
6	106	105	102	97	94	90	86	81	79	76	74
7	124	123	119	113	109	105	100	95	92	89	86
8	141	140	136	129	125	120	115	108	105	102	98
9	159	158	153	145	140	135	129	122	118	114	110
10	176	175	170	161	156	149	143	135	131	127	122
11	194	192	186	177	171	164	157	148	144	139	134
12	211	209	203	193	186	179	171	162	157	152	147
13	229	226	220	209	202	194	185	175	170	164	159
14	246	243	236	225	217	208	199	188	182	177	171
15	263	260	253	240	232	223	213	201	195	189	182
16	280	277	269	256	247	237	226	214	208	201	194
17	297	294	286	271	262	252	240	227	221	213	206
18	314	311	302	287	277	266	254	240	233	226	218
19	331	328	318	302	292	280	267	253	245	238	229
20	347	344	334	317	307	295	281	266	258	250	241
21	364	360	350	332	321	308	294	279	270	262	252
22	380	377	366	347	336	322	308	291	282	273	264
23	397	393	381	362	350	336	321	304	295	285	275
24	413	409	397	377	365	350	334	316	307	297	286
26	445	441	428	406	393	377	360	341	330	320	309
28	476	472	458	435	421	404	385	365	354	342	331
30	507	502	488	463	448	430	410	388	377	365	352
32	537	532	517	491	474	456	435	411	399	386	373
34	567	561	545	517	501	481	458	434	421	408	393
36	596	590	573	544	526	505	482	456	443	428	413

Si la Lune est dans l'Ouest du méridien, c'est-à-dire si Æ − Tsg < 0, donner le signe − au facteur pris dans cette table.

D = 0 — Æ − Tsg > 0	LATITUDE GÉOGRAPHIQUE.										
	± 48	± 50	± 52	± 54	± 56	± 58	± 60	± 62	± 64	± 66	± 68
+ 1°	+ 12	+ 11	+ 11	+ 10	+ 10	+ 9	+ 9	+ 8	+ 8	+ 7	+ 7
2	24	23	22	21	20	19	17	17	16	14	13
3	36	34	33	31	30	28	27	25	23	22	20
4	47	46	44	42	40	37	35	33	31	29	26
5	59	57	54	52	49	47	44	41	39	36	33
6	71	68	65	62	59	56	53	50	46	43	40
7	83	79	76	73	69	65	62	58	54	50	46
8	95	91	87	83	79	75	71	66	62	57	53
9	106	102	98	93	89	84	79	74	69	64	59
10	118	113	108	104	99	93	88	83	77	71	66
11	130	124	119	114	108	103	97	91	85	79	72
12	141	136	130	124	118	112	105	99	92	86	79
13	153	147	140	134	128	121	114	107	100	93	85
14	164	158	151	144	137	130	123	115	107	100	92
15	176	169	162	154	147	139	131	123	115	107	98
16	187	180	172	164	156	148	139	131	122	113	104
17	198	191	182	174	166	157	148	139	130	120	111
18	210	201	193	184	175	166	157	147	137	127	117
19	221	212	203	194	185	175	165	155	144	134	123
20	232	223	213	204	194	184	173	163	152	141	130
21	243	234	224	213	203	192	181	170	159	147	136
22	254	244	234	223	212	201	190	178	166	154	142
23	265	255	244	233	221	210	198	186	173	161	148
24	276	265	254	242	230	218	206	193	180	167	154
26	297	286	273	261	248	235	222	208	194	180	166
28	318	306	293	280	266	252	238	223	208	193	178
30	339	326	412	298	283	268	253	238	222	206	189
32	359	345	430	315	300	284	268	252	235	218	201
34	379	364	449	333	317	300	283	266	248	230	212
36	398	382	466	350	333	315	297	279	261	242	223

Si la Lune est dans l'Ouest du méridien, c'est-à-dire si Æ − Tsg < 0, donner le signe − au facteur pris dans cette table.

D = 0 — Æ – Tsg > 0	LATITUDE GÉOGRAPHIQUE.										
	0	± 8	± 16	± 24	± 28	± 32	± 36	± 40	± 42	± 44	± 46
+ 38°	+ 624	+ 618	+ 600	+ 570	+ 551	+ 529	+ 505	+ 478	+ 463	+ 448	+ 433
40	651	645	626	595	575	552	527	499	484	468	452
42	677	671	651	619	598	575	548	519	503	487	470
44	703	696	676	642	621	596	569	539	522	506	488
46	728	721	700	665	643	617	589	557	541	523	505
48	752	744	723	687	664	637	608	576	559	541	522
50	774	767	744	708	684	657	626	593	575	557	538
54	815	809	785	747	722	693	661	626	607	588	568
58	857	847	822	782	756	726	693	656	636	616	595
62	890	881	855	813	786	755	721	682	662	641	619
66	920	911	884	841	813	781	745	705	684	662	640
70	945	936	909	864	835	802	765	725	703	681	658
74	966	956	929	883	853	820	782	741	719	696	672
78	981	972	944	897	868	834	795	753	731	708	683
82	993	983	955	908	877	843	804	762	739	716	691
86	999	989	960	913	883	848	810	767	744	721	696
90	1,000	990	962	915	884	850	811	768	745	722	697
94											
98											
102											
106											
110											
114											
118											
122											
126											
130											
132											
134											
136											

Si la Lune est dans l'Ouest du méridien, c'est-à-dire si Æ – Tsg < 0, donner le signe – au facteur pris dans cette table.

D = 0 Æ − Tsg > 0	Latitude géographique. ± 48	± 50	± 52	± 54	± 56	± 58	± 60	± 62	± 64	± 66	± 68
+ 38°	+ 417	+ 401	+ 384	+ 366	+ 348	+ 330	+ 311	+ 292	+ 273	+ 253	+ 233
40	435	418	401	382	364	345	325	305	285	264	243
42	453	435	417	398	378	359	338	318	296	275	253
44	470	452	433	413	393	372	351	330	308	285	263
46	487	468	448	428	407	385	364	341	319	296	272
48	503	483	463	442	420	398	376	353	329	305	281
50	518	498	477	455	433	410	387	363	339	315	290
54	547	525	503	480	457	433	409	384	358	332	306
58	573	550	527	503	479	454	428	402	375	348	321
62	596	573	548	524	498	472	445	418	390	362	334
66	616	592	567	541	515	488	461	432	404	375	345
70	633	609	583	557	529	502	473	445	415	385	355
74	647	622	596	569	541	513	484	455	424	394	363
78	658	633	606	579	551	522	492	462	432	401	369
82	666	640	613	585	557	528	498	468	437	405	373
86	670	644	617	589	561	531	502	471	440	408	376
90	672	645	618	590	562	532	502	472	441	409	377
94											
98											
102											
106											
110											
114											
118											
122											

Si la Lune est dans l'Ouest du méridien, c'est-à-dire si Æ − Tsg < 0, donner le signe − au facteur pris dans cette table.

D = ± 8 — Æ − Tsg > 0	LATITUDE GÉOGRAPHIQUE.										
	0	± 8	± 16	± 24	± 28	± 32	± 36	± 40	± 42	± 44	± 46
+ 1°	+ 18	+ 18	+ 17	+ 16	+ 16	+ 15	+ 15	+ 14	+ 13	+ 13	+ 12
2	36	35	34	33	32	30	29	27	27	26	25
3	54	52	52	49	47	46	43	41	40	39	37
4	72	71	69	65	63	61	58	55	53	51	50
5	90	89	86	82	79	76	72	68	66	64	62
6	107	106	103	98	95	91	87	82	80	77	74
7	125	124	120	114	110	106	101	96	93	90	87
8	143	141	137	130	126	121	116	109	106	103	99
9	161	159	154	147	142	136	130	123	119	115	111
10	178	177	171	163	157	151	144	136	132	128	124
11	196	194	188	179	173	166	158	150	145	141	136
12	213	211	205	195	188	181	172	163	158	153	148
13	231	229	222	211	204	196	187	177	171	166	160
14	248	246	239	227	219	210	201	190	184	178	172
15	266	263	255	243	234	225	215	203	197	191	184
16	283	280	272	258	250	240	229	216	210	203	196
17	300	297	288	274	265	254	243	230	223	216	208
18	317	314	305	290	280	269	256	243	235	228	220
19	334	331	321	305	295	283	270	256	248	240	232
20	351	347	337	320	310	297	284	269	260	252	243
21	368	364	353	336	324	312	297	281	273	264	255
22	384	380	369	351	339	326	311	294	285	276	267
23	401	397	385	366	354	340	324	307	297	288	278
24	417	413	401	381	368	353	337	319	310	300	289
26	449	445	432	410	397	381	363	344	334	323	312
28	481	476	463	439	425	408	389	368	357	346	334
30	512	507	492	468	452	434	414	392	380	368	355
32	543	537	522	496	479	460	439	416	403	390	377
34	573	567	550	523	505	485	463	438	425	412	397
36	602	596	578	550	531	510	487	461	447	432	418

Si la Luna est dans l'Ouest du méridien, c'est-à-dire si Æ − Tsg < 0, donner le signe − au facteur pris dans cette table.

D = ± 8 Æ − Tsg > 0	LATITUDE GÉOGRAPHIQUE.										
	± 48	± 50	± 52	± 54	± 56	± 58	± 60	± 62	± 64	± 66	± 68
+ 1°	+ 12	+ 12	+ 11	+ 11	+ 10	+ 9	+ 9	+ 8	+ 8	+ 7	+ 7
2	24	23	22	21	20	19	18	17	16	15	13
3	36	34	33	31	30	28	27	25	23	22	20
4	48	46	44	42	40	38	36	34	31	29	27
5	60	57	55	52	50	47	44	42	39	36	34
6	72	69	66	63	60	57	53	50	47	43	40
7	84	80	77	73	70	66	62	58	54	51	46
8	95	92	88	84	80	75	71	67	62	58	53
9	107	103	99	94	90	85	80	75	70	65	60
10	119	114	109	105	99	94	89	83	78	72	67
11	131	126	120	115	109	104	97	92	86	79	73
12	143	137	131	125	119	113	106	100	93	86	80
13	154	148	142	135	129	122	115	108	101	94	86
14	166	159	153	146	138	131	124	116	109	101	93
15	177	170	163	156	148	140	132	124	116	108	99
16	189	181	174	166	158	149	141	132	124	114	106
17	200	192	185	176	167	159	149	140	131	122	112
18	212	203	195	186	177	168	158	148	139	128	118
19	223	214	205	196	186	177	167	156	146	135	125
20	234	225	216	206	195	185	175	164	153	142	131
21	246	236	226	216	205	194	183	172	161	149	137
22	257	246	236	225	214	203	192	180	168	156	143
23	268	257	246	235	224	212	200	188	175	162	149
24	279	268	256	245	233	221	208	195	182	169	156
26	300	288	276	264	251	238	224	210	196	182	168
28	322	308	296	282	268	254	240	225	210	195	180
30	342	329	315	301	286	271	256	240	224	208	191
32	363	348	334	319	303	287	271	254	237	220	203
34	383	368	352	336	320	303	286	268	250	232	214
36	402	386	370	353	336	318	300	282	263	244	225

Si la Lune est dans l'Ouest du méridien, c'est-à-dire si Æ − Tsg < 0, donner le signe — au facteur pris dans cette table.

D = ± 8	LATITUDE GÉOGRAPHIQUE.									
Æ − Tsg > 0	0	± 8	± 16	± 24	± 28	± 32	± 36	± 40	± 42	± 44	± 46
+ 38°	+ 630	+ 624	+ 605	+ 576	+ 556	+ 534	+ 510	+ 482	+ 468	+ 453	+ 437
40	657	651	632	601	580	558	532	504	488	473	456
42	684	677	658	625	604	580	553	524	508	492	475
44	710	703	683	648	627	602	574	544	528	511	493
46	735	728	707	671	649	623	595	563	546	529	510
48	759	752	730	693	670	644	614	581	564	546	527
50	782	774	752	714	691	663	633	599	581	563	543
54	825	817	793	754	729	700	668	633	613	594	573
58	864	856	831	790	763	733	699	662	642	622	600
62	899	890	864	821	794	763	728	689	668	647	625
66	929	920	893	849	821	788	752	712	691	669	646
70	954	945	918	872	843	810	773	732	710	688	664
74	975	966	938	891	862	828	790	748	726	703	679
78	991	982	953	906	876	842	803	761	738	715	690
82	1002	993	964	916	886	851	812	769	747	723	698
86	1008	999	970	922	892	857	818	774	752	728	703
90	1010	1000	971	923	893	858	819	776	753	729	704
94					890	855	816	773	751	726	701
98											
102											
106											
110											
114											
118											
122											
126											
130											
132											
134											
136											

Si la Lune est dans l'Ouest du méridien, c'est-à-dire si Æ − Tsg < o, donner le signe − au facteur pris dans cette table.

D = ± 8 Æ − Tsg > 0	Latitude géographique.										
	± 48	± 50	± 52	± 54	± 56	± 58	± 60	± 62	± 64	± 66	± 68
+ 38	+ 421	+ 405	+ 387	+ 370	+ 352	+ 333	+ 315	+ 295	+ 276	+ 256	+ 235
40	440	422	404	386	367	348	328	308	288	267	246
42	458	440	421	402	382	362	342	321	299	278	256
44	475	456	437	417	397	376	355	333	311	288	265
46	492	472	452	432	411	389	367	345	322	298	275
48	508	488	467	446	424	402	379	356	332	308	284
50	523	503	481	460	437	414	391	367	342	318	293
54	552	530	508	485	461	437	413	387	362	335	309
58	578	556	532	508	483	458	432	406	379	351	324
62	602	578	554	529	503	477	450	422	394	366	337
66	622	598	573	547	520	493	465	437	408	378	348
70	640	615	589	562	535	507	478	449	419	389	358
74	654	628	602	575	547	518	489	459	429	398	366
78	665	639	612	584	556	527	497	467	436	404	373
82	673	646	619	591	561	533	503	472	441	409	377
86	677	650	623	595	566	537	506	476	444	412	380
90	678	652	624	596	567	538	507	477	445	413	380
94	676	649	622	594	565	535	505	475	443	412	379
98	671	644	617	589	561	531	501	471	440	408	376
102					554	525	495	465	435	403	372
106										396	365
110											357
114											
118											
122											
126											
130											
132											
134											
136											

Si la Lune est dans l'Ouest du méridien, c'est-à-dire si Æ − Tsg < 0, donner le signe − au facteur pris dans cette table.

D = ± 16 Æ − $T_{sg} > 0$	LATITUDE GÉOGRAPHIQUE.										
	0	± 8	± 16	± 24	± 28	± 32	± 36	± 40	± 42	± 44	± 46
+ 1°	+ 18	+ 18	+ 18	+ 17	+ 16	+ 16	+ 15	+ 14	+ 13	+ 13	+ 13
2	37	37	36	34	33	31	30	28	27	27	26
3	55	54	53	51	48	47	45	42	41	40	39
4	74	73	71	67	65	63	60	56	55	53	51
5	92	92	89	84	82	78	75	70	68	66	64
6	111	109	106	101	98	94	90	85	82	79	77
7	129	128	124	118	114	109	104	99	96	93	89
8	147	146	142	134	130	125	119	113	109	106	102
9	166	164	159	151	146	140	134	127	123	119	115
10	184	182	177	168	162	156	148	141	136	132	127
11	202	200	194	184	178	171	163	154	150	145	140
12	220	218	212	201	194	186	178	168	163	158	153
13	238	236	229	217	210	202	192	182	177	171	165
14	256	253	246	234	226	217	207	196	190	184	177
15	274	271	263	250	242	232	221	209	203	197	190
16	292	289	280	266	257	247	236	223	216	209	202
17	309	306	297	282	273	262	250	237	230	222	214
18	327	324	314	298	288	277	264	250	243	235	227
19	344	341	331	314	304	292	278	263	256	247	239
20	362	358	348	330	319	307	292	277	268	260	251
21	379	375	364	346	334	321	306	290	281	272	263
22	396	392	381	362	349	336	320	303	294	284	275
23	413	409	397	377	365	350	334	316	307	297	286
24	430	426	413	393	379	364	347	329	319	309	298
26	463	459	445	423	409	393	374	354	344	333	321
28	496	491	477	453	438	420	401	380	368	356	344
30	528	523	507	482	466	448	427	404	392	379	366
32	559	554	538	511	494	474	452	428	415	402	388
34	590	584	567	539	521	500	477	452	438	424	410
36	620	614	596	566	547	526	501	475	460	446	430

Si la Lune est dans l'Ouest du méridien, c'est-à-dire si Æ − $T_{sg} < 0$, donner le signe − au facteur pris dans cette table.

D = ± 16 — Æ − Tsg > 0	Latitude géographique.										
	± 48	± 50	± 52	± 54	± 56	± 58	± 60	± 62	± 64	± 66	± 68
+ 1°	+ 12	+ 12	+ 11	+ 11	+ 10	+ 10	+ 9	+ 9	+ 8	+ 7	+ 7
2	25	24	23	22	21	20	18	17	16	15	14
3	37	36	34	33	31	29	28	26	24	22	21
4	49	47	45	43	41	39	37	34	32	30	27
5	62	59	57	54	51	49	46	43	40	37	34
6	73	71	68	65	62	58	55	52	48	45	41
7	86	83	79	76	72	68	64	61	57	52	48
8	98	94	90	86	82	78	73	69	64	60	55
9	110	106	102	97	92	88	83	77	72	67	62
10	123	118	113	108	102	97	92	86	80	75	69
11	135	129	124	118	113	107	101	94	88	82	75
12	147	141	135	129	123	116	109	103	96	89	82
13	159	153	146	140	133	126	119	111	104	96	89
14	171	164	157	150	143	135	128	120	112	104	95
15	183	176	168	161	153	145	137	128	120	111	102
16	195	187	179	171	163	154	145	136	127	118	109
17	207	198	190	182	172	163	154	145	135	125	115
18	218	210	201	192	182	173	163	153	143	132	122
19	230	221	211	202	192	182	172	161	150	139	128
20	242	232	222	212	202	191	180	169	158	146	135
21	253	243	233	222	211	200	189	177	165	154	141
22	265	254	243	232	221	209	197	185	173	160	148
23	276	265	254	242	230	218	206	193	180	167	154
24	287	276	264	252	240	227	214	201	188	174	160
26	309	297	285	272	258	245	231	217	202	188	173
28	331	318	305	291	277	262	247	232	217	201	185
30	353	339	325	310	295	279	263	247	231	214	197
32	374	359	344	328	312	296	279	262	244	227	209
34	394	379	363	346	329	312	294	276	258	239	220
36	415	398	381	364	346	328	309	291	271	251	232

Si la Lune est dans l'Ouest du méridien, c'est-à-dire si Æ − Tsg < o, donner le signe − au facteur pris dans cette table.

D = ± 16	Latitude géographique.										
Æ − Tsg > 0	0	± 8	± 16	± 24	± 28	± 32	± 36	± 40	± 42	± 44	± 46
+ 38	+ 649	+ 643	+ 624	+ 593	+ 573	+ 550	+ 525	+ 497	+ 482	+ 467	+ 450
40	677	671	651	619	598	575	548	519	503	487	470
42	705	698	678	644	622	598	570	540	524	507	490
44	732	725	703	668	646	620	592	560	544	526	508
46	757	750	728	692	669	642	613	580	563	545	526
48	782	775	752	715	691	663	633	599	581	563	543
50	806	798	775	736	712	683	652	617	599	580	560
54	850	842	817	777	751	721	688	652	632	612	591
58	890	882	856	814	786	756	721	683	662	641	619
62	926	917	890	846	818	786	750	710	689	667	644
66	957	948	920	875	846	812	775	734	712	689	666
70	983	974	946	899	869	835	797	754	732	708	684
74	1005	995	966	919	888	853	814	771	748	724	699
78	1021	1012	982	934	903	867	828	784	760	736	711
82	1033	1023	993	944	913	877	837	793	769	745	719
86	1039	1029	999	950	919	883	842	798	774	750	724
90	1040	1030	1000	951	920	884	844	799	775	751	725
94			997	948	917	881	841	796	773	748	723
98					909	873	834	790	766	742	717
102							823	780	756	732	707
106										719	695
110											
114											
118											
122											
126											
130											
132											
134											
136											

Si la Lune est dans l'Ouest du méridien, c'est-à-dire si $Æ - Tsg < 0$, donner le signe − au facteur pris dans cette table.

D = ± 16 — Æ — Tsg > 0	LATITUDE GÉOGRAPHIQUE.										
	± 48	± 50	± 52	± 54	± 56	± 58	± 60	± 62	± 64	± 66	± 68
+ 38°	+ 434	+ 417	+ 399	+ 381	+ 363	+ 343	+ 324	+ 304	+ 284	+ 263	+ 243
40	453	435	417	398	378	358	338	318	296	275	253
42	472	453	434	414	394	373	352	330	309	286	263
44	489	470	450	430	409	387	365	343	320	297	274
46	507	487	466	445	423	401	378	355	331	308	283
48	523	503	481	459	437	414	391	367	342	318	292
50	539	518	496	473	450	427	403	378	353	327	301
54	569	547	524	500	475	450	425	399	373	346	318
58	596	573	548	524	498	472	445	418	390	362	334
62	620	596	571	545	518	491	463	435	406	377	347
66	641	616	590	563	536	508	479	450	420	390	359
70	659	633	606	579	551	523	493	463	432	401	369
74	674	647	620	592	563	534	504	473	442	410	377
78	685	658	630	602	573	543	512	481	449	417	384
82	693	666	638	609	579	549	518	487	454	422	388
86	697	670	642	613	583	553	522	490	458	425	391
90	699	671	643	614	584	554	523	491	458	425	392
94	696	669	641	612	582	552	521	489	457	424	391
98	691	664	636	607	578	548	517	486	453	421	388
102	682	655	626	599	570	541	510	479	448	416	383
106	669	643	616	589	560	531	501	471	440	408	376
110			602	575	547	519	490	460	430	399	367
114					532	504	476	447	418	388	357
118							460	432	403	374	345
122									387	359	331
126									369	343	316
130										324	299
132											290
134											281
136											

Si la Lune est dans l'Ouest du méridien, c'est-à-dire si Æ — Tsg < o, donner le signe — au facteur pris dans cette table.

D = ±24 — Æ − Tsg > 0	LATITUDE GÉOGRAPHIQUE.										
	0	±8	±16	±24	±28	±32	±36	±40	±42	±44	±46
+1°	+19	+19	+19	+18	+17	+17	+16	+15	+14	+14	+13
2	39	38	38	36	34	33	31	30	29	28	27
3	58	58	56	53	52	49	47	45	43	42	40
4	78	77	75	71	69	66	63	59	58	56	54
5	97	96	94	89	86	82	79	74	72	70	67
6	117	116	112	106	103	99	94	89	86	84	81
7	136	134	131	124	120	115	110	104	101	98	94
8	155	154	149	142	137	131	125	119	115	111	108
9	174	173	168	159	154	148	141	133	129	125	121
10	194	192	186	177	171	164	156	148	144	139	134
11	213	211	204	194	188	180	172	163	158	153	148
12	232	230	223	212	204	196	187	177	172	166	161
13	251	248	241	229	221	212	203	192	186	180	174
14	270	267	259	246	238	228	218	206	200	194	187
15	288	285	277	263	254	244	233	221	214	207	200
16	307	304	295	280	271	260	248	235	228	220	213
17	326	323	313	297	287	276	263	249	242	234	226
18	344	341	331	314	304	292	278	263	255	247	239
19	363	359	348	331	320	307	293	277	269	260	251
20	381	377	366	348	336	323	308	291	283	273	264
21	399	395	384	364	352	338	322	305	296	287	277
22	417	413	401	381	368	353	337	319	309	299	289
23	435	431	418	397	383	369	352	333	323	312	302
24	453	448	435	413	400	384	366	346	336	325	314
26	488	483	469	445	430	413	394	373	362	350	338
28	522	517	502	477	461	443	422	400	388	375	362
30	556	550	534	508	491	471	449	425	413	399	386
32	589	583	566	538	520	499	476	451	437	423	409
34	621	615	597	568	548	527	502	476	461	446	431
36	653	647	628	596	576	554	528	500	485	469	453

Si la Lune est dans l'Ouest du méridien, c'est-à-dire si Æ − Tsg < 0, donner le signe − au facteur pris dans cette table.

D = ±24 — Æ − Tsg > 0	Latitude géographique.										
	± 48	± 50	± 52	± 54	± 56	± 58	± 60	± 62	± 64	± 66	± 68
+ 1°	+ 13	+ 12	+ 12	+ 11	+ 11	+ 10	+ 10	+ 9	+ 8	+ 8	+ 7
2	26	25	24	23	22	21	19	18	17	16	15
3	39	37	36	34	32	31	29	27	25	24	22
4	52	50	48	46	43	41	39	37	34	31	29
5	65	62	60	57	54	51	48	45	42	39	36
6	78	75	72	68	65	62	58	54	51	47	43
7	91	87	83	80	76	72	68	64	59	55	51
8	104	99	95	91	87	82	77	73	68	63	58
9	116	112	107	102	97	92	87	82	76	70	65
10	129	124	119	113	108	102	96	90	84	78	72
11	142	136	131	125	119	112	106	96	93	86	79
12	155	149	142	136	129	122	115	108	101	94	86
13	167	161	154	147	140	132	125	117	109	101	92
14	180	173	165	158	150	142	134	126	118	109	100
15	193	185	177	169	161	152	143	135	126	117	108
16	205	197	188	180	171	162	153	144	134	124	114
17	217	209	200	191	182	172	162	152	142	132	122
18	230	221	211	202	192	182	171	161	150	139	128
19	242	232	223	213	202	191	181	170	158	147	135
20	254	244	234	223	212	201	190	178	166	154	142
21	266	256	245	234	222	211	199	187	174	162	149
22	279	267	256	244	233	220	208	195	182	169	156
23	290	279	267	255	243	230	217	203	190	176	162
24	302	290	278	265	252	239	226	212	198	183	169
26	326	313	300	286	272	258	243	228	213	198	182
28	349	335	321	306	291	276	260	244	228	212	195
30	372	357	342	326	310	294	277	260	243	225	207
32	394	378	362	346	329	311	294	276	257	239	220
34	415	399	382	365	347	329	310	291	271	252	232
36	436	419	401	383	364	345	325	305	285	265	244

Si la Lune est dans l'Ouest du méridien, c'est-à-dire si $Æ - Tsg < 0$, donner le signe — au facteur pris dans cette table.

D = ± 24 Æ − Tsg > 0	LATITUDE GÉOGRAPHIQUE.										
	0	± 8	± 16	± 24	± 28	± 32	± 36	± 40	± 42	± 44	± 46
+ 38°	+ 684	+ 677	+ 657	+ 624	+ 603	+ 579	+ 553	+ 523	+ 508	+ 491	+ 475
40	713	707	686	652	630	605	577	546	530	513	495
42	742	735	714	678	655	629	600	568	551	534	515
44	770	763	741	704	680	653	623	590	572	554	535
46	797	790	767	728	704	676	645	611	592	573	554
48	823	815	792	752	727	698	666	631	612	592	572
50	848	840	815	775	749	720	686	650	630	610	589
54	895	886	860	818	790	759	724	686	665	644	622
58	937	928	901	856	828	795	759	718	697	674	651
62	975	965	937	891	861	827	789	747	725	702	678
66	1007	998	969	920	890	855	816	772	749	726	701
70	1035	1025	995	946	915	879	839	794	770	746	720
74	1058	1047	1017	967	935	898	857	811	787	762	736
78	1075	1064	1033	983	950	913	871	825	800	775	748
82	1087	1076	1045	994	961	923	881	834	810	784	757
86	1093	1083	1051	1000	967	929	886	839	815	789	762
90	1095	1084	1053	1001	968	930	889	841	816	790	763
94			1049	997	964	927	885	838	813	787	760
98				989	956	919	877	831	806	781	754
102					943	907	866	820	796	771	744
106						890	850	805	781	757	731
110								786	763	739	714
114										718	693
118											
122											
126											
130											
132											
134											
136											

Si la Lune est dans l'Ouest du méridien, c'est-à-dire si Æ − Tsg < o, donner le signe − au facteur pris dans cette table.

D = ±24 Æ − Tsg > 0	Latitude géographique.										
	±48	±50	±52	±54	±56	±58	±60	±62	±64	±66	±68
+38°	+457	+439	+420	+401	+382	+362	+341	+320	+299	+277	+255
40	477	458	439	419	398	377	356	334	312	289	266
42	496	477	457	436	415	393	371	348	325	301	277
44	515	495	474	452	430	408	385	361	337	313	288
46	534	512	491	468	445	422	398	374	349	324	299
48	551	529	507	484	460	436	411	386	360	334	308
50	568	545	522	498	474	449	424	398	371	345	317
54	599	575	551	526	500	474	447	420	392	364	335
58	627	603	577	551	524	497	469	440	411	381	351
62	653	627	601	574	545	517	488	458	428	397	365
66	675	648	621	593	564	535	504	473	442	410	378
70	694	666	638	609	580	549	518	487	454	422	389
74	709	681	653	623	593	562	530	498	465	431	397
78	721	693	663	633	603	571	539	506	473	439	404
82	729	701	671	641	610	578	546	512	478	444	409
86	734	705	676	645	614	582	549	516	482	447	412
90	735	706	677	646	615	583	550	517	482	448	412
94	733	704	674	644	613	581	548	515	481	446	411
98	727	698	669	639	608	576	544	511	477	443	408
102	717	689	660	631	600	569	537	504	471	437	403
106	704	677	648	619	589	559	527	495	463	429	396
110	688	661	633	605	576	546	515	484	452	420	387
114	668	642	615	588	559	530	501	470	439	408	376
118	645	620	594	568	540	512	484	454	424	394	363
122		595	570	545	519	492	464	436	407	378	348
126				519	494	469	443	416	388	361	332
130					468	444	419	393	368	341	314
132						430	406	382	357	331	305
134						416	393	369	345	320	295
136							379	357	333	309	285

Si la Lune est dans l'Ouest du méridien, c'est-à-dire si Æ − Tsg < o, donner le signe − au facteur pris dans cette table.

D = ±28	Latitude géographique.										
Æ − Tsg > 0	0	± 8	± 16	± 24	± 28	± 32	± 36	± 40	± 42	± 44	± 46
+ 1m	+ 20	+ 20	+ 19	+ 18	+ 18	+ 17	+ 16	+ 15	+ 15	+ 15	+ 14
2	40	40	38	37	36	34	33	31	30	29	28
3	61	60	58	55	53	51	48	46	45	43	42
4	80	80	77	73	71	68	65	61	60	58	56
5	101	100	97	92	89	85	81	77	75	72	70
6	121	120	116	110	107	102	97	92	90	87	84
7	141	139	135	128	124	119	114	108	104	101	97
8	161	159	154	147	142	136	130	123	119	115	111
9	180	179	173	165	159	153	146	138	134	130	125
10	200	198	193	183	177	170	162	153	149	144	139
11	220	218	212	201	194	187	178	168	163	158	153
12	240	237	230	219	212	203	194	183	178	172	166
13	260	257	249	237	229	220	210	198	193	186	180
14	279	276	268	255	246	236	225	213	207	200	193
15	298	296	287	273	263	253	241	223	221	214	207
16	318	315	306	290	280	269	257	243	236	228	220
17	337	334	324	308	298	286	272	258	250	242	234
18	356	353	342	325	315	302	288	273	264	256	247
19	375	372	361	343	331	318	303	287	278	269	260
20	394	390	379	360	348	334	319	302	292	283	273
21	413	409	397	377	364	350	334	316	306	297	286
22	432	427	415	394	381	366	349	330	320	310	299
23	450	446	433	411	397	382	364	344	334	323	312
24	469	464	450	428	413	397	379	358	348	337	325
26	505	500	485	461	446	428	408	386	375	363	350
28	541	535	520	494	477	458	437	414	401	388	375
30	576	570	553	526	508	488	465	440	427	413	399
32	610	604	586	557	538	517	493	467	453	438	423
34	643	637	618	588	568	545	520	492	478	462	446
36	676	669	650	617	597	573	547	517	502	486	469

Si la Lune est dans l'Ouest du méridien, c'est-à-dire si Æ − Tsg < 0, donner le signe − au facteur pris dans cette table.

D = ± 28 Æ − Tsg > 0	LATITUDE GÉOGRAPHIQUE.										
	± 48	± 50	± 52	± 54	± 56	± 58	± 60	± 62	± 64	± 66	± 68
+ 1°	+ 13	+ 13	+ 12	+ 12	+ 11	+ 11	+ 10	+ 9	+ 9	+ 8	+ 8
2	27	26	25	24	22	21	20	19	18	16	15
3	40	39	37	35	33	32	30	28	26	24	22
4	54	52	49	47	45	42	40	38	35	33	30
5	67	64	62	59	56	53	50	47	44	40	38
6	80	77	74	70	67	64	60	57	53	48	45
7	94	90	86	82	78	74	70	66	61	57	52
8	107	103	98	94	90	85	80	75	70	65	60
9	121	116	111	106	101	95	90	84	79	73	67
10	134	128	123	117	112	106	100	94	88	81	75
11	147	141	135	129	123	116	109	103	96	89	82
12	160	154	147	140	134	127	119	112	105	97	90
13	173	166	159	152	145	137	129	121	113	105	97
14	186	179	171	164	155	147	139	130	122	113	104
15	200	191	183	175	166	158	149	139	130	121	111
16	212	204	195	186	177	168	158	148	139	128	119
17	225	216	207	198	188	178	168	158	147	136	126
18	238	228	219	209	199	188	177	167	156	144	133
19	251	241	230	220	209	198	187	176	164	152	140
20	263	253	242	231	220	208	196	184	172	160	147
21	276	265	253	242	230	218	206	193	180	167	154
22	288	277	265	253	241	228	215	202	188	175	161
23	301	289	276	264	251	238	224	211	197	182	168
24	313	301	288	275	261	248	233	219	205	190	175
26	337	324	310	296	281	267	252	236	220	205	188
28	361	347	332	317	301	286	270	253	236	219	202
30	384	369	354	338	321	304	287	269	251	233	215
32	407	391	375	358	340	322	304	285	266	247	227
34	430	413	395	377	359	340	321	301	281	261	240
36	452	434	415	396	377	357	337	316	295	274	252

Si la Lune est dans l'Ouest du méridien, c'est-à-dire si Æ − Tsg < 0, donner le signe − au facteur pris dans cette table.

D = ±28 Æ − Tsg > 0	LATITUDE GÉOGRAPHIQUE.										
	0	±8	±16	±24	±28	±32	±36	±40	±42	±44	±46
+38°	+708	+701	+680	+646	+625	+600	+572	+542	+525	+509	+491
40	739	731	710	675	652	626	597	565	548	531	513
42	765	761	739	702	678	651	621	588	571	552	533
44	797	790	766	728	704	676	645	611	592	573	554
46	825	817	793	754	729	700	668	632	613	593	573
48	852	844	819	779	753	723	690	653	633	613	592
50	878	870	844	802	775	745	710	673	653	632	610
54	926	918	891	847	818	786	750	710	688	667	644
58	970	961	933	886	857	823	785	743	721	698	673
62	1009	999	970	922	891	856	817	773	750	726	701
66	1043	1032	1002	953	921	885	844	799	776	751	725
70	1071	1061	1030	979	947	909	867	822	797	772	745
74	1094	1084	1052	1000	967	929	887	839	815	788	761
78	1012	1101	1070	1017	983	944	901	854	828	802	774
82	1124	1114	1081	1028	994	955	911	863	838	811	783
86	1131	1120	1088	1034	1000	961	917	869	843	816	788
90	1133	1122	1089	1036	1001	962	918	870	844	817	789
94			1085	1032	998	959	915	867	841	815	787
98			1076	1023	989	951	907	860	835	808	780
102				1009	976	938	895	848	823	797	770
106					958	921	879	833	808	783	756
110							858	813	789	764	738
114								790	767	742	717
118									740	717	693
122											665
126											
130											
132											
134											
136											

Si la Lune est dans l'Ouest du méridien, c'est-à-dire si Æ − Tsg < 0, donner le signe — au facteur pris dans cette table.

D = ± 28 — Æ — Tsg > 0	LATITUDE GÉOGRAPHIQUE.										
	± 48	± 50	± 52	± 54	± 56	± 58	± 60	± 62	± 64	± 66	± 68
+ 38°	+ 473	+ 454	+ 435	+ 415	+ 395	+ 374	+ 353	+ 331	+ 309	+ 287	+ 264
40	494	474	454	433	412	390	368	346	323	299	276
42	514	493	472	451	429	406	384	360	336	312	287
44	533	512	490	468	445	422	398	374	349	323	298
46	552	530	508	485	461	437	412	387	361	335	308
48	570	548	524	501	476	451	426	400	373	346	319
50	587	564	540	516	491	465	439	412	384	357	328
54	620	595	570	544	518	491	463	435	406	376	347
58	649	624	597	570	542	514	485	455	425	394	363
62	676	649	622	593	565	535	505	474	442	410	378
66	698	671	643	613	584	553	522	490	457	424	391
70	718	690	661	631	600	569	536	504	470	436	402
74	734	705	675	645	613	581	548	515	481	446	411
78	746	717	686	655	624	591	558	524	489	454	418
82	754	725	694	663	631	598	564	530	495	459	423
86	759	730	699	667	635	602	568	533	498	462	426
90	761	731	700	669	636	603	569	534	499	463	427
94	758	728	698	666	634	601	567	533	498	462	425
98	752	723	692	661	629	596	563	529	494	458	422
102	742	713	683	652	621	589	555	522	487	452	417
106	729	700	671	641	610	578	546	512	479	444	409
110	712	684	655	626	596	565	533	501	468	434	400
114	691	664	636	608	579	549	518	486	454	422	389
118	668	641	615	588	559	530	500	470	439	407	375
122	641	616	590	564	536	509	480	451	421	391	360
126	611	587	562	537	511	485	458	430	402	373	344
130		555	532	508	484	459	432	407	380	353	325
132			516	492	469	445	420	395	369	342	316
134				477	454	431	407	382	357	331	305
136				461	438	416	393	369	345	320	295

Si la Lune est dans l'Ouest du méridien, c'est-à-dire si Æ — Tsg < o, donner le signe — au facteur pris dans cette table.

T. B.

PARALLAXE EN DÉCLINAISON.

(LUNE.)

Exprimer $\left(\pi - \frac{R}{\cos H}\right)$ *en minutes d'arc; multiplier ce nombre par le facteur pris dans la table ci-après (en considérant les différences comme proportionnelles), enfin diviser par 1000; le résultat exprimera des minutes d'arc.*

Si la latitude est Sud (L *négatif*), *entrer dans la table avec les valeurs de* L *et de* D *changées de signe; prendre le facteur correspondant et en changer le signe.*

L	D	Æ — Tsg 0	± 8°	± 16°	± 24°	± 32°	± 40°	± 48°	± 56°	± 64°
L = 0	+ 28	+ 476	+ 471	+ 457	+ 434	+ 402	+ 362	+ 315	+ 262	+ 204
	24	413	409	396	376	348	314	273	227	177
	20	347	344	333	316	293	264	229	191	149
	16	280	277	269	255	236	213	185	154	120
	12	211	209	203	192	178	160	139	116	90
	8	141	140	136	129	119	107	93	78	60
	+ 4	+ 71	+ 70	+ 68	+ 65	+ 60	+ 54	+ 47	+ 39	+ 30
	0	0	0	0	0	0	0	0	0	0
	− 4	− 71	− 70	− 68	− 65	− 60	− 54	− 47	− 39	− 30
	8	141	140	136	129	119	107	93	78	60
	12	211	209	203	192	178	160	139	116	90
	16	280	277	269	255	236	213	185	154	120
	20	347	344	333	316	293	264	229	191	149
	24	413	409	396	376	348	314	273	227	177
	− 28	− 476	− 471	− 457	− 434	− 402	− 362	− 315	− 262	− 204
L = + 2°	+ 28	+ 445	+ 440	+ 427	+ 403	+ 371	+ 331	+ 284	+ 231	+ 173
	24	380	376	364	344	317	282	241	195	145
	20	314	310	301	283	260	231	197	158	116
	16	246	243	235	221	203	179	151	120	86
	12	177	174	168	158	144	126	105	82	56
	8	106	105	101	94	85	73	58	43	+ 26
	+ 4	+ 36	+ 35	+ 33	+ 29	+ 25	+ 19	+ 12	+ 4	− 5
	0	− 35	− 35	− 35	− 35	− 35	− 35	− 35	− 35	35
	− 4	106	105	103	100	95	89	81	74	65
	8	176	175	171	164	154	142	128	112	95
	12	246	243	237	227	213	195	174	150	125
	16	314	311	303	289	270	246	219	188	153
	20	380	376	367	349	326	297	262	224	182
	24	445	440	429	408	381	346	305	259	209
	− 28	− 507	− 502	− 488	− 464	− 433	− 393	− 346	− 293	− 235
L = + 4°	+ 28	+ 413	+ 409	+ 395	+ 371	+ 340	+ 300	+ 253	+ 200	+ 142
	24	348	344	332	311	284	249	209	163	113
	20	280	277	267	250	227	198	164	125	83
	16	212	209	201	187	168	145	118	87	53
	12	142	140	134	123	109	92	71	47	+ 22
	8	+ 71	+ 70	+ 66	+ 59	+ 50	+ 38	+ 24	+ 8	− 9
	+ 4	0	0	− 2	− 6	− 11	− 16	− 23	− 31	39
	0	− 70	− 70	70	70	70	70	70	70	70
	− 4	141	140	138	135	130	124	117	109	100
	8	211	209	205	198	189	177	163	147	130
	12	280	278	271	261	247	229	208	184	159
	16	347	344	336	322	303	280	252	221	187
	20	412	409	399	382	358	329	295	256	214
	24	476	472	460	439	412	377	336	290	240
	− 28	− 537	− 532	− 518	− 495	− 463	− 423	− 376	− 323	− 265

Si L est négatif (Latitude Sud), entrer dans la table avec les valeurs de L et de D changées de signe. Prendre le facteur correspondant et en changer le signe.

	D	Æ — Tsg ±72°	±80°	±88°	±96°	±104°	±112°	±120°	±128°	±136°
L = 0	+28	+142	+78	+12						
	24	123	67	10						
	20	103	56	9						
	16	83	46	7						
	12	63	34	5						
	8	42	23	4						
	+4	+21	+12	+2						
	0	0	0	0						
	−4	−21	−12	−2						
	8	42	23	4						
	12	63	34	5						
	16	83	46	7						
	20	103	56	9						
	24	123	67	10						
	−28	−142	−78	−12						
L = +2°	+28	+111	+47	−19						
	24	91	36	21						
	20	71	24	24						
	16	50	12	26						
	12	29	+4	28						
	8	+8	−11	31						
	+4	−14	23	33						
	0	35	35	35						
	−4	56	46	37						
	8	77	57	38						
	12	97	68	39						
	16	117	77	40						
	20	136	89	41						
	24	155	99	42						
	−28	−173	−108	−43						
L = +4°	+28	+80	+16	−49						
	24	59	+4	53						
	20	38	−9	56						
	16	+16	21	59						
	12	−5	34	62						
	8	27	46	65						
	+4	48	58	67						
	0	70	70	69						
	−4	91	81	71						
	8	111	92	72						
	12	131	102	73						
	16	150	112	74						
	20	169	122	−74						
	24	186	131							
	−28	−203	−139							

Si L est négatif (Latitude Sud), entrer dans la table avec les valeurs de L et de D changées de signe. Prendre le facteur correspondant et en changer le signe.

L	D	Æ − Tsg 0	± 8°	± 16°	± 24°	± 32°	± 40°	± 48°	± 56°	± 64°
L = + 6°	+ 28	+ 381	+ 376	+ 362	+ 339	+ 307	+ 268	+ 221	+ 168	+ 111
	24	315	310	298	278	251	216	176	130	81
	20	246	243	233	216	193	164	130	92	50
	16	177	174	166	153	134	111	83	53	+ 19
	12	107	105	98	88	74	57	+ 36	+ 13	− 12
	8	+ 36	+ 35	+ 31	+ 24	+ 14	+ 3	− 11	− 26	43
	+ 4	− 35	− 36	− 38	− 41	− 45	− 52	58	66	74
	0	105	105	105	105	105	105	105	105	105
	− 4	176	175	173	169	165	158	151	143	134
	8	245	244	239	232	223	211	197	181	164
	12	313	311	305	294	280	262	242	218	192
	16	380	377	369	355	336	313	285	254	220
	20	444	441	430	414	390	361	327	288	246
	24	507	503	490	470	442	408	367	321	271
	− 28	− 566	− 562	− 547	− 524	− 492	− 452	− 406	− 353	− 295
L = + 8°	+ 28	+ 348	+ 344	+ 329	+ 307	+ 275	+ 235	+ 189	+ 137	+ 80
	24	281	277	265	245	218	183	143	98	48
	20	212	209	198	182	159	130	96	58	+ 17
	16	142	140	131	118	99	76	49	+ 18	− 15
	12	72	+ 70	+ 64	+ 53	+ 39	+ 22	+ 2	− 21	46
	8	+ 9	0	− 5	− 11	− 21	− 32	− 46	61	78
	+ 4	− 70	− 71	73	76	81	86	93	101	109
	0	141	141	140	140	140	140	140	139	139
	− 4	210	210	207	204	199	193	186	178	169
	8	279	278	273	267	257	245	231	215	198
	12	347	344	338	328	314	296	275	251	226
	16	413	409	401	387	369	345	318	287	253
	20	476	472	462	445	422	393	359	320	278
	24	537	533	520	500	473	438	398	352	302
	− 28	− 595	− 590	− 576	− 553	− 521	− 480	− 435	− 382	− 325
L = + 10°	+ 28	+ 315	+ 310	+ 296	+ 273	+ 242	+ 203	+ 157	+ 105	+ 48
	24	247	243	231	211	184	150	110	65	+ 16
	20	178	174	164	147	125	96	63	+ 25	− 17
	16	107	105	96	83	65	+ 42	+ 15	− 16	49
	12	+ 37	+ 35	+ 28	+ 18	+ 5	− 13	− 33	56	81
	8	− 34	− 36	− 40	− 46	− 56	66	81	96	112
	+ 4	105	106	108	111	116	121	128	135	143
	0	175	175	175	175	175	175	174	174	174
	− 4	245	244	242	238	233	227	220	212	203
	8	313	311	307	300	291	279	265	249	232
	12	379	377	371	361	346	329	308	285	259
	16	444	441	433	420	400	377	350	319	285
	20	506	503	493	476	453	424	390	351	310
	24	566	562	550	530	502	468	428	382	333
	− 28	− 623	− 618	− 604	− 581	− 549	− 510	− 464	− 411	− 354

Si L est négatif (Latitude Sud), entrer dans la table avec les valeurs de L et de D changées de signe. Prendre le facteur correspondant et en changer le signe.

	D	Æ — Tsg								
		± 72°	± 80°	± 88°	± 96°	± 104°	± 112°	± 120°	± 128°	± 136°
L = + 6°	+ 28	+ 49	— 15	— 79						
	24	27	28	84						
	20	+ 5	42	89						
	16	— 17	55	93						
	12	39	68	96						
	8	61	80	99						
	+ 4	83	92	102						
	0	104	104	104						
	— 4	125	115	105						
	8	145	126	107						
	12	165	136	— 107						
	16	183	145							
	20	201	154							
	24	217	162							
	— 28	— 233	— 169							
L = + 8°	+ 28	+ 18	— 45	— 110						
	24	— 5	60	116						
	20	28	74	121						
	16	51	88	126						
	12	74	102	130						
	8	96	115	133						
	+ 4	118	127	136						
	0	139	139	138						
	— 4	160	150	140						
	8	179	160	— 141						
	12	198	170							
	16	216	178							
	20	233	186							
	24	249	193							
	— 28	— 263	— 199							
L = + 10°	+ 28	— 13	— 76	— 140						
	24	37	92	147						
	20	61	107	153						
	16	85	121	159						
	12	108	135	164						
	8	130	149	167						
	+ 4	152	161	170						
	0	173	173	173						
	— 4	194	184	174						
	8	213	194	— 175						
	12	231	203							
	16	249	211							
	20	265	218							
	24	279	224							
	— 28	— 293	— 229							

Si L est négatif (Latitude Sud), entrer dans la table avec les valeurs de L et de D changées de signe. Prendre le facteur correspondant et en changer le signe.

L	D	Æ − Tsg 0	±8°	±16°	±24°	±32°	±40°	±48°	±56°	±64°
L = +12°	+28	+281	+277	+263	+240	+209	+170	+124	+73	+16
	24	213	209	197	177	150	116	77	+32	−17
	20	143	139	129	113	90	62	+29	−9	50
	16	72	+70	+61	+48	+30	+7	−20	50	83
	12	+2	−1	−7	−17	−31	−47	68	90	115
	8	−70	71	75	82	91	102	115	130	147
	+4	140	141	143	146	150	156	162	170	178
	0	210	210	210	210	209	209	209	208	208
	−4	279	278	276	272	267	261	254	246	237
	8	346	345	340	334	324	312	298	282	265
	12	412	410	403	393	379	361	340	317	292
	16	475	472	464	451	432	409	382	351	317
	20	536	533	523	506	483	454	420	382	341
	24	595	591	578	558	531	497	457	412	363
	−28	−650	−645	−631	−608	−577	−538	−492	−440	−383
L = +14°	+28	+248	+243	+229	+206	+176	+137	+92	+41	−15
	24	179	174	162	143	116	83	+43	−1	49
	20	108	104	94	78	+56	+28	−5	42	83
	16	+37	+34	+26	+13	−5	−27	55	84	116
	12	−34	−36	−42	−52	66	83	102	125	149
	8	105	106	110	117	126	137	150	165	181
	+4	175	175	178	181	185	191	197	204	212
	0	244	244	244	244	244	243	243	243	242
	−4	312	312	309	306	301	295	288	280	271
	8	379	378	373	366	357	345	331	316	298
	12	444	441	435	425	411	394	373	350	324
	16	506	503	495	481	463	440	415	382	349
	20	566	562	552	535	513	484	451	413	371
	24	623	618	606	587	560	526	486	441	392
	−28	−677	−671	−658	−635	−604	−565	−519	−468	−411
L = +16°	+28	+213	+208	+195	+173	+142	+104	+59	+8	−47
	24	143	139	128	108	82	+49	+10	−34	82
	20	73	+69	+60	+43	+21	−7	−39	76	116
	16	+2	−1	−9	−22	−40	62	88	118	150
	12	−69	71	77	87	100	117	137	159	183
	8	140	141	145	151	160	171	184	199	215
	+4	210	210	212	215	220	225	231	238	246
	0	278	278	278	278	278	278	277	276	276
	−4	346	345	343	339	334	328	321	313	304
	8	412	410	406	399	389	378	364	348	331
	12	475	473	467	456	443	425	405	382	356
	16	536	533	525	512	494	471	444	413	380
	20	594	591	581	564	542	513	480	443	402
	24	650	646	634	614	587	554	514	470	421
	−28	−702	−697	−683	−661	−630	−591	−546	−495	−439

Si L est négatif (Latitude Sud), entrer dans la table avec les valeurs de L et de D changées de signe. Prendre le facteur correspondant et en changer le signe.

L	D	Æ — Tsg ±72°	±80°	±88°	±96°	±104°	±112°	±120°	±128°	±136°
L = +12°	+28	−44	−107	−170						
	24	69	123	179						
	20	94	139	186						
	16	118	155	192						
	12	142	169	197						
	8	165	183	201						
	+4	186	195	204						
	0	208	207	207						
	−4	228	218	−208						
	8	247	228							
	12	264	236							
	16	281	244							
	20	296	250							
	24	310	255							
	−28	−322	−259							
L = +14°	+28	−75	−137	−201						
	24	101	155	210						
	20	127	172	217						
	16	151	187	224						
	12	175	202	230						
	8	198	216	235						
	+4	221	229	238						
	0	242	241	241						
	−4	261	252	−242						
	8	280	261							
	12	297	269							
	16	313	276							
	20	327	281							
	24	340	285							
	−28	−350	−288							
L = +16°	+28	−106	−168	−231						
	24	133	186	240						
	20	159	204	249						
	16	184	220	257						
	12	209	236	263						
	8	232	250	268						
	+4	254	263	272						
	0	275	275	274						
	−4	294	285	−275						
	8	313	294							
	12	330	302							
	16	345	308							
	20	358	312							
	24	369	315							
	−28	−379	−317							

Si L est négatif (Latitude Sud), entrer dans la table avec les valeurs de L et de D changées de signe. Prendre le facteur correspondant et en changer le signe.

L	D	Æ − Tsg: 0	± 8°	± 16°	± 24°	± 32°	± 40°	± 48°	± 56°	± 64°
L = + 18°	+ 28	+ 179	+ 175	+ 161	+ 139	+ 109	+ 71	+ 26	− 24	− 79
	24	109	105	93	74	+ 48	+ 15	− 24	67	115
	20	+ 38	+ 34	+ 25	+ 8	− 14	− 41	73	110	150
	16	− 34	− 36	− 44	− 57	75	97	123	152	184
	12	105	107	113	122	135	152	171	193	217
	8	175	176	180	187	196	206	219	234	250
	+ 4	245	245	247	250	255	260	266	273	281
	0	313	313	313	313	312	312	312	311	310
	− 4	380	379	377	374	369	363	355	347	339
	8	445	443	439	432	423	411	398	382	365
	12	507	505	499	489	475	458	438	415	390
	16	567	565	557	543	525	502	476	445	412
	20	624	621	611	595	572	544	511	474	433
	24	678	674	663	643	616	583	544	500	451
	− 28	− 729	− 725	− 711	− 688	− 658	− 619	− 574	− 523	− 468
L = + 20°	+ 28	+ 144	+ 139	+ 126	+ 104	+ 75	+ 37	− 7	− 56	− 110
	24	73	+ 69	+ 58	+ 39	+ 13	− 19	57	100	146
	20	+ 2	− 1	− 11	− 26	− 48	75	107	143	182
	16	− 69	71	79	92	109	131	156	185	217
	12	139	141	147	156	169	186	205	226	250
	8	209	210	214	221	229	240	252	266	282
	+ 4	278	279	280	284	288	293	299	306	313
	0	345	345	345	345	345	344	344	343	342
	− 4	411	410	408	405	400	394	387	379	370
	8	474	473	469	462	453	441	428	413	396
	12	536	534	528	518	504	487	467	444	419
	16	594	591	583	570	552	530	504	474	441
	20	649	646	636	620	598	570	538	501	461
	24	702	698	686	667	640	608	569	527	478
	− 28	− 750	− 745	− 732	− 710	− 680	− 642	− 598	− 548	− 493
L = + 22°	+ 28	+ 109	+ 104	+ 91	+ 70	+ 40	+ 4	− 39	− 88	− 142
	24	+ 38	+ 34	+ 23	+ 4	− 21	− 53	90	133	179
	20	− 33	− 37	− 46	− 61	83	109	140	176	215
	16	104	107	114	127	144	165	190	219	249
	12	174	176	182	191	204	220	239	260	283
	8	244	245	249	255	263	274	286	300	315
	+ 4	312	312	314	317	321	326	332	339	346
	0	378	378	378	378	377	377	376	376	374
	− 4	443	442	440	437	432	426	419	411	402
	8	505	504	500	493	484	473	459	444	427
	12	565	563	557	547	534	517	497	475	450
	16	622	619	611	598	581	559	532	503	471
	20	676	673	663	647	625	597	565	529	489
	24	726	722	711	692	666	633	596	552	505
	− 28	− 773	− 768	− 755	− 733	− 704	− 666	− 623	− 573	− 519

Si L est négatif (Latitude Sud), entrer dans la table avec les valeurs de L et de D changées de signe. Prendre le facteur correspondant et en changer le signe.

L	D	±72°	±80°	±88°	±96°	±104°	±112°	±120°	±128°	±136°
		Æ — Tg								
L = +18°	+28	— 136	— 199	— 261	— 323					
	24	166	218	272	326					
	20	192	237	282	— 327					
	16	218	254	290						
	12	243	270	297						
	8	267	284	302						
	+ 4	289	297	306						
	0	310	309	308						
	— 4	329	319	— 309						
	8	347	328							
	12	363	335							
	16	377	340							
	20	389	344							
	24	400	— 346							
	— 28	— 408								
L = +20°	+28	— 168	— 229	— 289	— 350					
	24	197	248	301	354					
	20	224	267	312	— 356					
	16	250	285	321						
	12	275	301	328						
	8	299	316	334						
	+ 4	321	329	338						
	0	342	341	340						
	— 4	360	351	— 341						
	8	378	359							
	12	393	365							
	16	406	370							
	20	417	373							
	24	427	— 374							
	— 28	— 434								
L = +22°	+28	— 199	— 258	— 318	— 378					
	24	228	279	331	383					
	20	256	299	342	386					
	16	283	317	352	— 387					
	12	308	334	360						
	8	332	349	366						
	+ 4	354	362	370						
	0	374	373	— 373						
	— 4	393	383							
	8	409	391							
	12	424	397							
	16	436	401							
	20	447	— 403							
	24	455								
	— 28	— 461								

Si L est négatif (Latitude Sud), entrer dans la table avec les valeurs de L et de D changées de signe. Prendre le facteur correspondant et en changer le signe.

L	D	Æ — Tsg 0	± 8°	± 16°	± 24°	± 32°	± 40°	± 48°	± 56°	± 64°
L = + 24°	+ 28	+ 73	+ 69	+ 56	+ 35	+ 6	− 30	− 73	− 120	− 173
	24	2	− 1	− 12	− 30	− 55	87	124	165	210
	20	− 68	72	81	96	117	143	174	209	247
	16	139	141	149	161	178	199	223	251	282
	12	209	211	216	225	238	254	272	293	316
	8	278	279	283	289	297	307	319	333	348
	+ 4	345	346	347	350	354	359	365	371	379
	0	411	411	410	410	410	409	409	408	407
	− 4	474	474	471	468	463	457	450	442	434
	8	535	534	530	523	514	503	490	475	458
	12	594	592	586	576	563	546	527	504	480
	16	649	646	639	626	608	587	561	532	500
	20	701	698	688	673	651	624	592	557	517
	24	750	746	735	716	690	658	621	579	532
	− 28	− 795	− 790	− 777	− 756	− 726	− 690	− 646	− 598	− 544
L = + 26°	+ 28	+ 38	+ 34	+ 21	+ 0	− 28	− 63	− 105	− 152	− 199
	24	− 33	− 37	− 47	− 65	90	121	157	198	242
	20	103	107	116	131	151	177	207	242	279
	16	174	176	184	196	212	233	257	285	314
	12	243	245	251	260	272	287	305	326	348
	8	311	313	316	322	330	340	352	366	382
	+ 4	378	379	380	383	387	392	397	404	411
	0	443	442	442	442	442	441	440	440	439
	− 4	505	504	502	499	494	488	481	473	465
	8	565	563	559	553	544	533	520	505	488
	12	622	620	614	604	591	575	556	534	510
	16	675	673	665	653	635	614	588	560	529
	20	726	723	713	698	676	650	619	583	545
	24	773	769	758	739	714	683	646	604	558
	− 28	− 815	− 811	− 798	− 777	− 748	− 712	− 670	− 622	− 573
L = + 28°	+ 28	+ 3	− 2	− 14	− 34	− 62	− 97	− 138	− 184	− 235
	24	− 68	72	82	100	124	154	190	230	274
	20	139	142	151	165	186	211	241	274	311
	16	209	211	218	230	246	266	290	317	346
	12	277	279	285	294	305	321	338	358	380
	8	343	345	349	355	363	373	385	398	412
	+ 4	410	411	413	415	419	424	429	436	442
	0	474	474	474	473	473	472	472	471	470
	− 4	535	534	532	529	524	519	512	504	495
	8	594	592	588	582	573	562	549	534	518
	12	649	647	641	632	619	603	584	562	539
	16	701	699	691	679	662	641	616	587	557
	20	750	746	737	722	701	675	644	610	572
	24	794	791	780	762	737	706	670	629	584
	− 28	− 835	− 831	− 818	− 798	− 769	− 734	− 692	− 645	− 593

Si L est négatif (Latitude Sud), entrer dans la table avec les valeurs de L et de D changées de signe. Prendre le facteur correspondant et en changer le signe.

L	D	Æ — Tsg ±72°	±80°	±88°	±96°	±104°	±112°	±120°	±128°	±136°
L = +24°	+28	−229	−287	−347	−406					
	24	259	309	361	412					
	20	288	330	373	416					
	16	315	348	383	−417					
	12	340	365	391						
	8	364	381	398						
	+4	386	394	402						
	0	406	406	−405						
	−4	425	415							
	8	441	422							
	12	454	428							
	16	466	431							
	20	476	−432							
	24	482								
	−28	−487								
L = +26°	+28	−259	−319	−375	−433					
	24	290	339	390	440					
	20	319	360	402	445					
	16	346	380	413	−447					
	12	372	397	422						
	8	396	412	429						
	+4	418	426	434						
	0	438	437	−436						
	−4	456	446							
	8	471	453							
	12	484	458							
	16	495	−461							
	20	504								
	24	510								
	−28	−513								
L = +28°	+28	−289	−343	−403	−460					
	24	320	369	418	468					
	20	350	391	432	473					
	16	378	410	443	477					
	12	404	428	453	−477					
	8	428	444	460						
	+4	449	457	465						
	0	469	468	−467						
	−4	486	477							
	8	501	483							
	12	514	488							
	16	524	−490							
	20	531								
	24	536								
	−28	−538								

Si L est négatif (Latitude Sud), entrer dans la table avec les valeurs de L et de D changées de signe. Prendre le facteur correspondant et en changer le signe.

L	D	Æ – Tsg 0	±8°	±16°	±24°	±32°	±40°	±48°	±56°	±64°
L = + 30°	+ 28	– 33	– 37	– 57	– 69	– 96	– 130	171	– 216	– 266
	24	103	107	125	134	158	188	222	262	305
	20	174	177	192	200	220	244	273	306	342
	16	243	245	258	264	280	300	324	349	378
	12	311	313	322	327	339	353	371	390	412
	8	378	379	385	388	396	405	417	430	444
	+ 4	442	443	440	447	451	455	461	467	473
	0	505	505	504	504	504	503	502	502	501
	– 4	565	564	560	558	554	548	541	534	525
	8	622	620	614	610	602	591	578	563	548
	12	675	673	664	658	646	630	611	590	567
	16	726	723	710	704	687	666	642	614	584
	20	772	769	754	745	725	699	669	635	598
	24	815	812	793	783	759	729	693	653	608
	– 28	– 854	– 850	– 828	– 817	– 789	– 754	– 713	– 667	– 616
L = + 32°	+ 28	– 68	– 72	– 84	– 103	– 130	– 164	– 203	– 247	– 296
	24	138	142	152	169	192	221	255	293	335
	20	208	211	220	234	253	277	306	338	373
	16	277	279	286	298	313	332	355	381	409
	12	345	346	351	360	371	386	403	422	443
	8	410	411	415	420	428	437	448	461	475
	+ 4	474	474	476	478	482	486	492	497	504
	0	535	535	535	534	534	533	532	532	531
	– 4	593	593	591	587	583	577	570	563	551
	8	649	648	644	637	629	618	606	592	576
	12	701	699	693	684	672	656	638	617	595
	16	749	747	740	728	712	691	667	641	610
	20	794	791	782	768	747	722	693	660	623
	24	835	831	821	804	780	750	715	676	632
	– 28	– 872	– 868	– 855	– 836	– 808	– 774	– 734	– 689	– 639
L = + 34°	+ 28	– 103	– 107	– 119	– 138	– 164	– 197	– 235	– 278	– 326
	24	174	177	187	203	226	254	287	325	366
	20	243	246	254	268	287	310	338	369	404
	16	311	313	320	331	346	365	387	412	440
	12	378	379	384	393	404	418	434	453	474
	8	442	443	447	452	459	469	479	491	505
	+ 4	505	505	507	509	512	517	522	527	534
	0	564	564	564	564	563	562	562	561	560
	– 4	621	621	619	615	611	606	599	592	583
	8	675	674	670	664	656	645	633	619	604
	12	726	724	718	709	697	682	664	644	622
	16	772	770	763	751	735	715	692	665	636
	20	815	812	804	789	769	745	716	683	647
	24	854	851	840	823	800	771	737	698	656
	– 28	– 888	– 884	– 873	– 853	– 826	– 793	– 754	– 709	– 661

Si L est négatif (Latitude Sud), entrer dans la table avec les valeurs de L et de D changées de signe. Prendre le facteur correspondant et en changer le signe.

	D	Æ – Tsg								
		±72°	±80°	±88°	±96°	±104°	±112°	±120°	±128°	±136°
L = +30°	+28	−319	−374	−430	−486	−541				
	24	350	398	446	495	−542				
	20	381	420	461	501					
	16	409	440	473	505					
	12	435	458	483	−507					
	8	459	474	490						
	+ 4	480	488	495						
	0	500	498	−498						
	− 4	517	507							
	8	531	513							
	12	543	−517							
	16	551								
	20	558								
	24	−562								
	−28									
L = +32°	+28	−348	−402	−456	−512	−565				
	24	380	427	474	522	568				
	20	411	450	489	529					
	16	439	470	502	534					
	12	465	488	512	−536					
	8	489	504	520						
	+ 4	511	518	525						
	0	530	529	−528						
	− 4	546	537							
	8	560	542							
	12	571	−546							
	16	579								
	20	584								
	24	−586								
	−28									
L = +34°	+28	−377	−429	−483	−537	−589				
	24	409	455	501	548	593				
	20	440	478	517	556					
	16	469	499	530	561					
	12	495	518	541	−564					
	8	519	534	549						
	+ 4	540	547	554						
	0	559	558	−557						
	− 4	575	566							
	8	588	571							
	12	598	−573							
	16	605								
	20	609								
	24	−611								
	−28									

Si L est négatif (Latitude Sud), entrer dans la table avec les valeurs de L et de D changées de signe. Prendre le facteur correspondant et en changer le signe.

L	D	AR — Tsg 0	±8°	±16°	±24°	±32°	±40°	±48°	±56°	±64°
L = + 36°	+ 28	− 138	− 142	− 153	− 172	− 198	− 229	− 267	− 309	− 356
	24	209	212	221	237	259	287	319	356	396
	20	277	280	288	301	320	343	370	400	434
	16	344	347	353	364	379	397	419	443	470
	12	410	412	417	424	436	449	465	484	503
	8	474	475	478	483	490	499	510	522	535
	+ 4	535	535	537	539	543	547	551	557	563
	0	593	593	593	592	592	591	591	590	588
	− 4	649	648	646	643	638	633	627	619	611
	8	701	700	696	690	682	672	660	646	631
	12	749	747	742	734	722	707	689	669	648
	16	794	792	785	773	758	739	715	689	661
	20	835	832	823	809	790	766	738	706	671
	24	872	868	858	842	819	791	757	719	678
	− 28	− 904	− 900	− 889	− 869	− 843	− 811	− 773	− 729	− 682
L = + 38°	+ 28	− 173	− 177	− 188	− 206	− 231	− 262	− 298	− 340	− 385
	24	243	246	255	271	292	319	351	386	425
	20	311	314	321	334	352	375	401	431	463
	16	377	380	386	396	411	428	450	473	499
	12	442	444	448	456	467	480	496	514	533
	8	504	506	509	514	520	529	539	551	564
	+ 4	564	565	566	568	572	576	580	586	592
	0	621	621	621	621	620	619	617	618	617
	− 4	675	674	673	669	665	660	653	646	639
	8	725	724	721	715	707	697	685	672	658
	12	772	770	765	757	745	731	714	694	673
	16	815	813	806	795	780	761	738	713	685
	20	854	851	842	829	811	787	759	728	694
	24	888	885	875	859	837	809	777	740	700
	− 28	− 918	− 915	− 904	− 885	− 860	− 828	− 790	− 748	− 702
L = + 40°	+ 28	− 208	− 212	− 222	− 240	− 264	− 294	− 330	− 370	− 414
	24	277	280	289	304	325	351	380	416	454
	20	344	347	355	367	385	406	432	461	492
	16	410	412	418	428	442	460	480	503	528
	12	474	475	480	487	498	511	526	543	562
	8	535	536	539	544	550	559	569	580	592
	+ 4	593	594	595	597	600	604	609	614	619
	0	749	648	648	648	647	647	646	645	644
	− 4	701	700	698	695	691	686	680	673	665
	8	749	748	745	739	731	721	710	697	683
	12	794	792	788	779	768	754	737	718	698
	16	835	833	826	815	801	782	760	736	709
	20	872	869	861	848	829	807	780	750	716
	24	904	901	891	875	854	827	795	760	− 720
	− 28	− 932	− 928	− 917	− 899	− 874	− 844	− 807	− 764	

Si L est négatif (Latitude Sud), entrer dans la table avec les valeurs de L et de D changées de signe. Prendre le facteur correspondant et en changer le signe.

L	D	Æ − Tsg ±72°	±80°	±88°	±96°	±104°	±112°	±120°	±128°	±136°
L = + 36°	+ 28	− 405	− 456	− 509	− 561	− 612				
	24	438	483	528	573	617				
	20	469	506	544	582	− 619				
	16	498	528	558	588					
	12	525	547	569	− 591					
	8	548	563	577						
	+ 4	569	576	583						
	0	588	587	− 586						
	− 4	603	594							
	8	615	599							
	12	625	− 601							
	16	631								
	20	− 634								
	24									
	− 28									
L = + 38°	+ 28	− 433	− 483	− 534	− 585	− 635				
	24	466	510	554	598	641				
	20	498	534	571	607	− 644				
	16	527	556	585	615					
	12	553	575	597	− 619					
	8	577	591	605						
	+ 4	598	604	611						
	0	616	615	− 613						
	− 4	630	622							
	8	642	− 626							
	12	651								
	16	656								
	20	− 658								
	24									
	− 28									
L = + 40°	+ 28	− 460	− 509	− 558	− 608	− 656				
	24	494	536	579	622	663				
	20	526	561	597	632	− 667				
	16	555	583	612	640					
	12	581	602	624	645					
	8	605	619	632	− 646					
	+ 4	625	632	638						
	0	643	642	− 641						
	− 4	657	649							
	8	668	− 652							
	12	676								
	16	− 680								
	20									
	24									
	− 28									

Si L est négatif (Latitude Sud), entrer dans la table avec les valeurs de L et de D changées de signe. Prendre le facteur correspondant et en changer le signe.

L	D	0	±8°	±16°	±24°	±32°	±40°	±48°	±56°	±64°
		Æ — Tsg								
L = + 42°	+ 28	− 243	− 246	− 257	− 274	− 297	− 326	− 360	− 399	− 442
	24	311	314	323	337	358	383	412	446	483
	20	377	380	387	400	416	437	462	490	521
	16	442	440	450	460	473	490	510	532	557
	12	504	506	510	518	528	540	555	571	590
	8	564	565	568	573	579	587	597	608	620
	+ 4	621	622	623	625	628	632	636	641	647
	0	675	675	675	674	674	673	672	671	670
	− 4	725	725	723	720	716	711	705	698	691
	8	772	771	768	762	755	745	734	721	708
	12	815	813	809	800	789	776	759	741	721
	16	854	852	845	835	820	803	781	757	731
	20	888	886	878	865	847	825	799	770	738
	24	918	915	906	891	870	844	813	779	− 741
	− 28	− 944	− 940	− 930	− 912	− 888	− 858	− 823	− 783	
L = + 44°	+ 28	− 277	− 280	− 290	− 307	− 329	− 358	− 391	− 428	− 470
	24	344	347	356	370	390	414	442	475	510
	20	410	413	419	431	448	468	492	519	549
	16	474	475	481	491	504	520	539	561	584
	12	535	536	540	548	557	569	583	599	617
	8	593	594	597	601	608	616	625	635	646
	+ 4	649	649	650	652	655	659	663	668	673
	0	700	700	700	700	699	699	698	697	696
	− 4	749	749	747	744	740	735	729	723	715
	8	794	793	790	784	777	768	757	745	731
	12	835	833	829	821	810	797	781	764	744
	16	872	870	863	853	839	822	801	778	753
	20	904	901	894	881	864	843	818	789	758
	24	932	929	920	905	885	860	830	796	− 759
	− 28	− 955	− 952	− 941	− 924	− 901	− 872	− 838	− 799	
L = + 46°	+ 28	− 311	− 314	− 324	− 340	− 361	− 389	− 421	− 457	− 496
	24	377	380	388	402	421	444	472	503	538
	20	442	444	451	463	478	498	521	547	576
	16	504	506	512	521	534	549	568	588	611
	12	564	566	570	577	586	597	611	627	644
	8	621	622	625	629	635	643	651	662	673
	+ 4	675	675	677	679	681	685	689	693	698
	0	725	725	725	725	724	724	722	722	721
	− 4	772	772	770	767	763	758	753	746	739
	8	815	814	811	806	799	790	779	767	754
	12	854	852	848	840	830	817	802	785	766
	16	888	886	880	871	857	840	820	798	774
	20	918	916	909	896	880	859	835	807	− 778
	24	944	941	932	918	899	874	845	813	
	− 28	− 965	− 961	− 952	− 935	− 913	− 885	− 852	− 815	

Si L est négatif (Latitude Sud), entrer dans la table avec les valeurs de L et de D changées de signe. Prendre le facteur correspondant et en changer le signe.

	D	Æ — Tsg +72°	±80°	±88°	±96°	±104°	±112°	±120°	±128°	±136°
L = +42°	+28	−487	−534	−582	−630	−677				
	24	521	562	603	645	685				
	20	553	587	622	656	690				
	16	582	610	637	665	−691				
	12	609	629	649	670					
	8	632	645	658	−672					
	+4	652	658	664						
	0	669	668	−667						
	−4	683	675							
	8	693	−678							
	12	700								
	16	−704								
	20									
	24									
	−28									
L = +44°	+28	−513	−558	−605	−651	−697				
	24	548	587	627	667	706				
	20	580	613	646	680	713				
	16	609	635	662	689	−715				
	12	634	655	675	695					
	8	658	671	684	−697					
	+4	678	684	690						
	0	695	694	−693						
	−4	708	700							
	8	717	−703							
	12	723								
	16	−726								
	20									
	24									
	−28									
L = +46°	+28	−538	−582	−627	−672	−716	−759			
	24	574	612	650	689	727	−765			
	20	606	638	670	702	734				
	16	635	660	686	712	−737				
	12	661	680	699	718					
	8	684	696	709	−721					
	+4	704	709	715						
	0	720	719	−717						
	−4	732	724							
	8	741	−726							
	12	746								
	16	−748								
	20									
	24									
	−28									

Si L est négatif (Latitude Sud), entrer dans la table avec les valeurs de L et de D changées de signe. Prendre le facteur correspondant et en changer le signe.

	D	Æ — $T_s g$								
		0	± 8°	± 16°	± 24°	± 32°	± 40°	± 48°	± 56°	± 64°
L = + 48°	+ 28	− 344	− 347	− 357	− 372	− 393	− 419	− 450	− 485	− 523
	24	410	413	421	434	452	475	501	531	564
	20	474	476	482	494	509	527	550	575	602
	16	535	536	542	551	563	578	595	615	637
	12	593	594	598	605	614	625	638	653	669
	8	649	649	652	656	662	669	678	687	698
	+ 4	701	701	702	704	707	710	714	718	723
	0	749	749	749	748	748	747	746	746	745
	− 4	794	793	792	789	785	781	775	769	762
	8	835	834	831	826	819	810	800	789	776
	12	872	870	866	858	849	836	822	805	787
	16	904	902	896	887	874	857	838	817	793
	20	932	929	922	911	895	875	851	825	− 796
	24	955	952	944	930	911	888	860	− 829	
	− 28	− 973	− 970	− 961	− 945	− 923	− 897	− 865		
L = + 50°	+ 28	− 377	− 380	− 389	− 404	− 424	− 449	− 479	− 508	− 549
	24	442	444	452	465	482	504	529	558	590
	20	504	507	513	524	538	556	578	602	628
	16	564	566	571	580	591	606	622	642	663
	12	621	622	626	633	640	652	664	679	694
	8	675	676	678	682	688	695	703	712	722
	+ 4	725	726	729	729	731	734	738	742	747
	0	772	772	772	771	771	770	769	768	768
	− 4	815	815	813	810	807	802	797	791	785
	8	854	853	850	845	839	830	820	810	798
	12	888	887	883	876	866	854	840	824	807
	16	918	917	911	902	890	874	856	835	812
	20	944	942	935	924	908	889	867	841	− 813
	24	965	962	954	941	923	900	874	− 844	
	− 28	− 981	− 978	− 968	− 954	− 933	− 907	− 876		
L = + 52°	+ 28	− 410	− 413	− 421	− 435	− 455	− 479	− 507	− 539	− 574
	24	474	476	483	495	512	533	557	585	615
	20	535	537	543	553	567	584	605	628	653
	16	593	595	600	608	619	633	649	667	687
	12	649	650	653	659	668	678	690	703	718
	8	701	701	704	708	713	720	727	736	746
	+ 4	749	750	751	752	755	758	761	765	769
	0	794	794	794	794	793	792	791	791	789
	− 4	835	834	833	830	827	823	818	812	806
	8	872	871	868	863	857	849	840	829	818
	12	904	903	899	892	883	871	858	842	826
	16	932	930	925	916	904	889	871	852	− 830
	20	955	953	946	936	921	903	881	− 857	
	24	973	971	963	950	933	912	− 886		
	− 28	− 987	− 984	− 975	− 961	− 941	− 916			

Si L est négatif (Latitude Sud), entrer dans la table avec les valeurs de L et de D changées de signe. Prendre le facteur correspondant et en changer le signe.

L	D	Æ — Tag ± 72°	± 80°	± 88°	± 96°	± 104°	± 112°	± 120°	± 128°	± 136°
L = + 48°	+ 28	— 563	— 606	— 649	— 692	— 735	— 775			
	24	599	635	673	710	746	781			
	20	631	662	693	724	754	— 784			
	16	660	685	709	734	— 758				
	12	686	704	723	741					
	8	709	721	732	— 744					
	+ 4	728	733	739						
	0	744	742	— 741						
	— 4	755	748							
	8	763	— 750							
	12	— 768								
	16									
	20									
	24									
	— 28									
L = + 50°	+ 28	— 588	— 628	— 670	— 712	— 752	— 791	— 828		
	24	623	658	694	730	765	799	— 830		
	20	655	685	715	745	774	— 802			
	16	685	708	732	756	779				
	12	711	728	745	763	— 780				
	8	733	744	756	— 767					
	+ 4	751	757	762						
	0	766	765	— 764						
	— 4	778	770							
	8	787	— 772							
	12	— 789								
	16									
	20									
	24									
	— 28									
L = + 52°	+ 28	— 611	— 650	— 690	— 730	— 769	— 806	— 841		
	24	647	680	715	749	783	815	— 845		
	20	679	707	736	764	793	— 819			
	16	708	731	753	776	799				
	12	734	750	767	784	— 801				
	8	756	766	778	— 788					
	+ 4	774	779	784						
	0	789	788	— 786						
	— 4	799	— 792							
	8	806								
	12	— 808								
	16									
	20									
	24									
	— 28									

Si L est négatif (Latitude Sud), entrer dans la table avec les valeurs de L et de D changées de signe. Prendre le facteur correspondant et en changer le signe.

L	D	Æ − Tsg : 0	± 8°	± 16°	± 24°	± 32°	± 40°	± 48°	± 56°	± 64°
L = + 54°	+ 28	− 442	− 445	− 453	− 466	− 485	− 508	− 535	− 565	− 599
	24	504	507	514	525	541	561	584	611	639
	20	564	566	572	582	595	611	631	653	677
	16	621	623	628	635	646	659	674	692	711
	12	675	676	680	685	693	703	714	728	741
	8	725	726	728	732	737	744	751	759	768
	+ 4	772	773	774	775	778	780	784	788	792
	0	815	815	815	814	814	813	813	812	811
	− 4	854	853	852	850	846	842	837	832	826
	8	888	888	885	881	874	867	858	848	837
	12	919	917	913	907	898	887	874	860	844
	16	944	942	937	929	918	903	886	867	− 847
	20	965	963	957	946	932	915	894	− 871	
	24	981	978	971	959	943	922	− 897		
	− 28	− 992	− 989	− 981	− 967	− 948	− 924			
L = + 56°	+ 28	− 474	− 476	− 484	− 497	− 514	− 536	− 562	− 591	− 623
	24	535	537	544	555	570	588	611	636	663
	20	593	595	601	610	622	638	656	677	700
	16	649	650	654	662	672	684	699	716	734
	12	701	702	705	711	718	727	738	750	764
	8	750	750	752	756	761	766	773	781	790
	+ 4	794	795	796	797	799	802	805	809	812
	0	835	835	835	834	834	833	833	832	831
	− 4	872	871	870	868	864	860	856	851	845
	8	904	903	900	896	891	884	875	865	855
	12	932	931	927	921	912	902	890	876	861
	16	955	954	949	941	930	916	900	882	− 862
	20	973	971	966	956	943	926	906	− 884	
	24	987	985	978	966	951	− 931	− 908		
	− 28	− 996	− 993	− 985	− 972	− 954				
L = + 58°	+ 28	− 505	− 507	− 514	− 526	− 543	− 564	− 588	− 615	− 646
	24	564	566	573	583	597	615	636	660	686
	20	621	623	628	637	649	664	681	701	723
	16	675	677	681	688	697	709	723	739	756
	12	726	727	730	735	742	751	761	772	785
	8	772	773	775	778	783	788	795	803	811
	+ 4	815	816	816	818	820	822	825	829	832
	0	854	854	854	853	853	852	851	851	850
	− 4	888	888	887	884	882	878	873	868	863
	8	918	918	916	911	906	899	891	882	872
	12	944	943	939	933	926	916	904	891	− 877
	16	965	963	959	951	941	928	913	− 896	
	20	981	979	973	964	952	936	− 917		
	24	993	990	983	972	958	− 939			
	− 28	− 999	− 996	− 988	− 976	− 959				

Si L est négatif (Latitude Sud), entrer dans la table avec les valeurs de L et de D changées de signe. Prendre le facteur correspondant et en changer le signe.

L	D	Æ — Tsg ±72°	±80°	±88°	±96°	±104°	±112°	±120°	±128°	±136°
L = +54°	+28	−634	−671	−709	−747	−784	−820	−854		
	24	670	702	735	767	799	830	−859		
	20	702	729	756	783	810	836			
	16	731	752	774	796	817	−838			
	12	757	772	788	804	−820				
	8	778	788	799	−809					
	+ 4	796	800	805						
	0	810	809	−807						
	− 4	819	−813							
	8	825								
	12	−827								
	16									
	20									
	24									
	−28									
L = +56°	+28	−656	−691	−727	−764	−799	−833	−865		
	24	692	722	753	784	815	844	872		
	20	724	750	776	801	827	851	−874		
	16	753	773	794	815	835	−854			
	12	778	793	808	823	−839				
	8	799	809	819	−829					
	+ 4	816	821	825						
	0	830	829	−828						
	− 4	839	−832							
	8	−844								
	12									
	16									
	20									
	24									
	−28									
L = +58°	+28	−677	−711	−745	−779	−813	−845	−876		
	24	713	742	771	801	830	858	884		
	20	745	769	794	818	843	866	−888		
	16	774	793	813	832	851	−870			
	12	799	813	827	842	−856				
	8	819	828	838	847					
	+ 4	836	840	844	−848					
	0	849	847	−847						
	− 4	857	−851							
	8	−861								
	12									
	16									
	20									
	24									
	−28									

Si L est négatif (Latitude Sud), entrer dans la table avec les valeurs de L et de D changées de signe. Prendre le facteur correspondant et en changer le signe.

L	D	Æ — Tsg 0	± 8°	± 16°	± 24°	± 32°	± 40°	± 48°	± 56°	± 64°
L = + 60°	+ 28	— 535	— 537	— 544	— 555	— 571	— 591	— 614	— 640	— 668
	24	593	595	601	611	624	641	661	683	708
	20	649	650	655	664	675	689	705	724	744
	16	701	702	706	713	722	733	746	761	777
	12	749	750	753	758	765	773	783	794	806
	8	794	795	797	800	804	809	816	823	830
	+ 4	835	835	836	838	839	842	845	848	851
	0	872	872	872	871	871	870	869	869	868
	— 4	904	904	902	900	897	894	890	885	880
	8	932	931	929	925	920	913	906	897	888
	12	955	954	951	945	938	928	917	905	— 891
	16	973	972	968	961	951	939	924	— 908	
	20	987	985	980	971	959	— 944	— 947		
	24	996	994	988	— 978	— 963				
	— 28	— 1000	— 997	— 991						
L = + 62°	+ 28	— 565	— 567	— 573	— 584	— 599	— 617	— 638	— 663	— 689
	24	622	623	629	638	651	666	685	706	729
	20	675	677	682	689	700	713	728	746	765
	16	726	727	731	737	745	756	768	782	797
	12	772	773	776	780	787	794	804	814	825
	8	815	816	818	821	824	829	835	842	849
	+ 4	854	854	855	856	858	860	863	866	869
	0	889	888	888	888	888	887	886	886	885
	— 4	919	918	917	915	912	909	905	901	896
	8	944	943	941	938	933	929	920	912	903
	12	965	964	961	956	949	940	929	918	— 905
	16	981	979	975	969	960	948	— 935	— 920	
	20	992	991	986	977	966	— 952			
	24	998	— 996	— 991	— 981	— 968				
	— 28	— 1000								
L = + 64°	+ 28	— 594	— 596	— 602	— 612	— 625	— 642	— 662	— 685	— 710
	24	649	651	656	665	676	691	708	728	749
	20	701	703	707	714	724	736	750	767	785
	16	750	751	754	760	768	778	787	802	816
	12	795	795	798	802	808	815	824	834	844
	8	835	836	837	840	844	848	854	860	867
	+ 4	872	872	873	874	876	878	880	883	886
	0	904	904	904	904	903	903	902	901	901
	— 4	932	932	930	929	926	923	919	915	911
	8	955	955	952	949	944	939	932	925	— 916
	12	974	973	970	965	958	950	940	— 930	
	16	987	986	982	976	967	— 957	— 944		
	20	996	995	990	— 982	— 972				
	24	— 1000	— 998	— 993						
	— 28									

Si L est négatif (Latitude Sud), entrer dans la table avec les valeurs de L et de D changées de signe. Prendre le facteur correspondant et en changer le signe.

L	D	Æ − Tsg ±72°	±80°	±88°	±96°	±104°	±112°	±120°	±128°	±136°
L = +60°	+28	— 698	— 729	— 761	— 794	— 825	— 856	— 885		
	24	733	761	788	816	843	870	894		
	20	766	788	811	834	857	879	— 900		
	16	794	812	830	849	867	— 884			
	12	818	832	845	859	— 872				
	8	838	847	856	865					
	+ 4	855	859	862	— 866					
	0	867	866	— 865						
	− 4	874	— 869							
	8	— 878								
	12									
	16									
	20									
	24									
	− 28									
L = +62°	+28	— 717	— 747	— 777	— 807	— 837	— 866	— 893		
	24	753	779	805	830	856	881	904		
	20	785	806	828	850	871	891	911		
	16	813	830	847	864	881	898	— 913		
	12	837	849	862	875	888	— 900			
	8	857	865	873	881	— 889				
	+ 4	872	876	880	— 883					
	0	884	883	— 882						
	− 4	891	— 885							
	8	— 893								
	12									
	16									
	20									
	24									
	− 28									
L = +64°	+28	— 736	— 764	— 792	— 820	— 848	— 875	— 900	— 923	— 944
	24	771	795	820	844	868	891	913	933	— 950
	20	803	823	843	864	884	903	— 921	— 937	
	16	831	847	863	879	895	— 910			
	12	855	866	878	890	— 902				
	8	874	881	888	— 897					
	+ 4	889	892	— 896						
	0	900	— 899							
	− 4	906								
	8	908								
	12									
	16									
	20									
	24									
	− 28									

Si L est négatif (Latitude Sud), entrer dans la table dans les valeurs de L et de D changées de signe. Prendre le facteur correspondant et en changer le signe.

L	D	Æ — Tsg 0	± 8°	± 16°	± 24°	± 32°	± 40°	± 48°	± 56°	± 64°
L = + 66°	+ 28	− 622	− 624	− 629	− 638	− 651	− 667	− 685	− 707	− 730
	24	675	677	682	690	701	714	730	748	768
	20	726	727	731	738	747	758	772	787	803
	16	773	774	777	782	789	798	809	821	834
	12	816	816	819	822	828	835	842	851	861
	8	854	855	856	859	862	866	872	877	883
	+ 4	888	889	890	891	892	894	896	899	902
	0	919	919	918	918	918	917	917	916	915
	− 4	944	944	943	941	939	936	933	929	924
	8	965	964	963	959	955	950	944	937	− 929
	12	981	980	977	973	967	959	− 950	− 940	
	16	992	991	988	982	− 974	− 964			
	20	− 998	− 997	− 993	− 986					
	24									
	− 28									
L = + 68°	+ 28	− 649	− 651	− 656	− 665	− 676	− 691	− 708	− 727	− 749
	24	701	703	707	714	725	737	752	768	787
	20	750	751	755	761	769	780	792	806	821
	16	795	796	799	803	810	818	826	839	851
	12	835	836	838	841	847	853	860	868	877
	8	872	873	874	876	880	883	888	893	899
	+ 4	904	905	905	906	908	909	911	914	916
	0	932	932	932	932	931	931	930	929	929
	− 4	955	955	954	953	950	948	944	941	937
	8	974	973	971	969	965	960	954	947	− 940
	12	987	987	984	980	974	967	− 959	− 950	
	16	996	995	992	986	− 979	− 970			
	20	− 1000	− 999	− 995	− 988					
	24									
	− 28									

Si L est négatif (Latitude Sud), entrer dans la table avec les valeurs de L et de D changées de signe. Prendre le facteur correspondant et en changer le signe.

	D	AR − Tsg ±72°	±80°	±88°	±96°	±104°	±112°	±120°	±128°	±136°
L = +66°	+28	−754	−779	−806	−832	−858	−882	−906	−928	−947
	24	789	811	834	856	879	900	920	939	955
	20	821	839	858	877	895	913	930	−945	−959
	16	848	863	878	892	907	921	−935		
	12	871	882	893	904	915	−925			
	8	890	897	904	−911	−918				
	+4	904	907	−910						
	0	914	914							
	−4	−920	−915							
	8									
	12									
	16									
	20									
	24									
	−28									
L = +68°	+28	−771	−794	−818	−842	−866	−889	−911	−931	−948
	24	806	826	847	868	888	908	926	943	959
	20	837	854	871	888	905	922	937	952	−964
	16	864	877	891	905	918	931	944	−955	
	12	887	896	907	917	−927	−936	−946		
	8	905	911	918	−924					
	+4	919	922	−924						
	0	928	−927							
	−4	−933								
	8									
	12									
	16									
	20									
	24									
	−28									

Si L est négatif (Latitude Sud), entrer dans la table avec les valeurs de L et de D changées de signe. Prendre le facteur correspondant et en changer le signe.

T. C.

VALEUR APPROCHÉE DE γ.

(À TITRE DE RENSEIGNEMENT.)

LATITUDE.	Æ − Tsg.								
	0	± 8	± 16	± 24	± 32	± 40	± 48	± 56	± 64
± 0	± 0° 00′	± 0° 00′	± 0° 00′	± 0° 00′	± 0° 00′	± 0° 00′	± 0° 00′	± 0° 00′	± 0° 00′
2	1 59	2 00	2 04	2 11	2 21	2 36	2 59	3 35	4 35
4	3 58	4 01	4 08	4 21	4 41	5 12	5 58	7 09	9 10
6	5 58	6 01	6 12	6 32	7 02	7 48	8 56	10 40	13 35
8	7 57	8 01	8 16	8 42	9 23	10 22	11 51	14 08	17 54
10	9 56	10 02	10 30	10 52	11 42	12 56	14 45	17 32	22 03
12	11 55	12 02	12 24	13 02	14 01	15 28	17 37	20 52	26 02
14	13 54	14 03	14 27	15 11	16 19	17 59	20 26	24 05	29 48
16	15 54	16 03	16 31	17 20	18 36	20 28	23 11	27 12	33 23
18	17 53	18 03	18 34	19 29	20 53	22 56	25 53	30 13	36 45
20	19 53	20 04	20 37	21 37	23 08	25 21	28 32	33 07	39 54
22	21 52	22 04	22 40	23 44	25 23	27 45	31 07	35 55	42 52
24	23 51	24 04	24 43	25 52	27 36	30 06	33 38	38 36	45 39
26	25 51	26 04	26 46	27 58	29 48	32 25	36 04	41 10	48 15
28	27 51	28 05	28 48	30 04	31 59	34 41	38 28	43 38	50 42
30	29 50	30 05	30 50	32 09	34 08	36 56	40 47	45 59	52 59
32	31 50	32 05	32 52	34 14	36 16	39 08	43 02	48 15	55 08
34	33 49	34 05	34 54	36 18	38 25	41 17	45 13	50 25	57 10
36	35 49	36 05	36 55	38 21	40 28	43 24	47 21	52 29	59 05
38	37 49	38 05	38 56	40 23	42 32	45 29	49 24	54 28	60 53
40	39 49	40 05	40 57	42 25	44 34	47 32	51 25	56 23	62 35
42	41 49	42 06	42 57	44 26	46 36	49 32	53 22	58 13	64 12
44	43 49	44 06	44 57	46 26	48 35	51 30	55 16	59 59	65 44
46	45 49	46 06	46 57	48 26	50 34	53 26	57 07	61 41	67 12
48	47 49	48 06	48 57	50 25	52 34	55 20	58 55	63 20	68 36
50	49 49	50 06	50 56	52 23	54 27	57 12	60 40	64 55	69 56
52	51 49	52 05	52 56	54 20	56 22	59 02	62 23	66 27	71 13
54	53 49	54 05	54 54	56 17	58 15	60 50	64 04	67 56	72 27
56	55 49	56 05	56 53	58 13	60 07	62 37	65 42	69 23	73 38
58	57 50	58 05	58 51	60 09	61 59	64 22	67 18	70 47	74 47
60	59 50	60 05	60 49	62 04	63 49	66 05	68 52	72 09	75 54
62	61 50	62 05	62 47	63 58	65 38	67 47	70 24	73 29	76 58
64	63 51	64 04	64 45	65 52	67 26	69 28	71 55	74 47	78 01
66	65 51	66 04	66 42	67 45	69 14	71 07	73 24	76 03	79 02
68	67 52	68 04	68 39	69 38	71 01	72 45	74 52	77 18	80 02

La latitude donne son signe à γ.

LATITUDE.	Æ — Tsg.								
	± 72	± 80	± 88	± 96	± 104	± 112	± 120	± 128	± 136
± 0	± 0° 00′	± 0° 00′	± 0° 00′						
2	6 34	11 51	52 58						
4	12 59	22 47	69 21						
6	19 07	32 15	75 47						
8	24 52	40 11	79 16						
10	30 10	46 39	81 24						
12	35 02	51 56	82 51						
14	39 26	56 14	83 54						
16	43 22	59 49	84 41						
18	46 57	62 50	85 16	± 109° 14′					
20	50 10	65 23	85 46	107 18					
22	53 03	67 32	86 11	105 38					
24	55 41	69 26	86 30	104 15					
26	58 03	71 04	86 48	103 03					
28	60 14	72 32	87 02	101 58					
30	62 13	73 49	87 16	101 03	± 113° 28′				
32	64 02	74 59	87 27	100 12	111 50				
34	65 43	76 01	87 38	99 28	110 22				
36	67 15	76 59	87 47	98 47	108 59				
38	68 41	77 51	87 56	98 09	107 45				
40	70 02	78 40	88 03	97 36	106 34				
42	71 16	79 24	88 10	97 04	105 29				
44	72 28	80 05	88 16	96 34	104 29				
46	73 34	80 44	88 24	96 08	103 32	± 110° 15′			
48	74 36	81 21	88 29	95 42	102 38	108 59			
50	75 36	81 55	88 35	95 18	101 48	107 46	± 113° 04′		
52	76 33	82 27	88 40	94 56	100 59	106 36	111 37		
54	77 27	82 58	88 45	94 34	100 14	105 29	110 13	± 114° 21′	
56	78 19	83 28	88 50	94 15	99 30	104 25	108 52	112 47	± 116° 06′
58	79 09	83 56	88 54	93 56	98 48	103 24	107 34	111 16	114 25
60	79 57	84 23	88 59	93 37	98 08	102 24	106 18	109 46	112 45
62	80 43	84 49	89 03	93 19	97 30	101 26	105 04	108 19	111 07
64	81 28	85 14	89 07	93 02	96 52	100 30	103 52	106 53	109 30
66	82 12	85 38	89 11	92 46	96 16	99 36	102 42	105 29	107 55
68	82 54	86 02	89 16	92 30	95 41	98 43	101 33	104 06	106 21

La latitude donne son signe à γ.

T. D.

SECOND TERME DE LA PARALLAXE

EN ASCENSION DROITE.

(LUNE.)

Exprimer $\left(\pi - \frac{R}{\cos H}\right)$ *en minutes d'arc, multiplier ce nombre par lui-même, puis par le facteur pris dans la table ci-après (en considérant les différences comme proportionnelles), enfin diviser par 10 000; le résultat exprimera des secondes d'arc.*

Si la Lune est dans l'Ouest du méridien, c'est-à-dire si $Æ - T_{sg} < 0$, *prendre le signe contraire à celui de la table.*

D = 0. Æ − Tsg > 0.		LATITUDE GÉOGRAPHIQUE. 0	± 8	± 16	± 24	± 32	± 40	± 48	± 56	± 60	± 64	± 68
+ 45°		+ 87	+ 86	+ 81	+ 73	+ 63	+ 52	+ 39	+ 28	+ 22	+ 17	+ 13
44	46	87	86	81	73	63	52	39	28	22	17	13
40	50	86	84	80	72	62	51	39	27	22	17	12
36	54	83	82	77	69	60	49	37	26	21	16	12
32	58	78	77	73	66	57	46	35	25	20	15	11
28	62	72	71	67	61	52	43	33	23	18	14	10
24	66	65	64	60	54	47	38	29	21	16	13	9
20	70	56	55	52	47	40	33	25	18	14	11	8
16	74	46	45	43	39	33	27	21	15	12	9	7
12	78	36	35	33	30	26	21	16	12	9	7	5
8	82	24	24	22	20	17	14	11	8	6	5	3
4	86	+ 12	+ 12	+ 11	+ 10	+ 9	+ 7	+ 6	+ 4	+ 3	+ 2	+ 2
0	90	0	0	0	0	0	0	0	0	0	0	0
	94	− 12	− 12	− 11	− 10	− 9	− 7	− 6	− 4	− 3	− 2	− 2
	98											
	102											
	106											
	110											
	114											
152	118											
148	122											
144	126											
140	130											
136	134											
135												

Si la Lune est dans l'Ouest du méridien, c'est-à-dire si Æ − Tsg < 0, prendre le signe contraire à celui de la table.

D = ± 8°. $Æ - \overline{T}sg > 0$.		LATITUDE GÉOGRAPHIQUE.										
		0	± 8	± 16	± 24	± 32	± 40	± 48	± 56	± 60	± 64	± 68
+ 45°		+ 89	+ 87	+ 82	+ 74	+ 64	+ 52	+ 40	+ 28	+ 23	+ 17	+ 13
44	46	89	87	82	74	64	52	40	28	23	17	13
40	50	88	86	81	73	63	52	39	28	22	17	12
36	54	85	83	78	71	61	50	38	27	21	16	12
32	58	80	78	74	67	58	47	36	25	20	16	11
28	62	74	72	68	62	53	44	33	23	19	14	10
24	66	66	65	61	55	48	39	30	21	17	13	9
20	70	57	56	53	48	41	34	26	18	14	11	8
16	74	47	46	44	39	34	28	21	15	12	9	7
12	78	36	36	34	30	26	21	16	11	9	7	5
8	82	24	24	23	21	18	15	11	8	6	5	4
4	86	+ 12	+ 12	+ 11	+ 10	+ 9	+ 7	+ 6	+ 4	+ 3	+ 2	+ 2
0	90	0	0	0	0	0	0	0	0	0	0	0
	94	− 12	− 12	− 11	− 10	− 9	− 7	− 6	− 4	− 3	− 2	− 2
	98	...	...	...	...	− 18	− 15	11	8	6	5	4
	102	...	...	...	...	...	...	− 16	11	9	7	5
	106	...	...	...	...	...	...	...	− 15	− 12	− 9	7
	110	...	...	...	...	...	...	...	...	...	...	− 8
	114											
152	118											
148	122											
144	126											
140	130											
136	134											
135												

Si la Lune est dans l'Ouest du méridien, c'est-à-dire si $Æ - Tsg < 0$, prendre le signe contraire à celui de la table.

D = ± 16°. Æ — Tsg > 0.		LATITUDE GÉOGRAPHIQUE.										
		0	± 8	± 16	± 24	± 32	± 40	± 48	± 56	± 60	± 64	± 68
+ 45°		+ 94	+ 93	+ 87	+ 79	+ 68	+ 56	+ 42	+ 30	+ 24	+ 18	+ 13
44	46	94	93	87	79	68	56	42	30	24	18	13
40	50	93	91	86	78	67	55	42	29	24	18	13
36	54	90	88	83	75	65	53	41	28	23	17	13
32	58	85	83	79	71	61	50	38	27	21	16	12
28	62	78	77	72	66	57	46	35	25	20	15	11
24	66	70	69	65	59	51	41	32	22	17	14	10
20	70	61	60	56	51	44	36	27	19	15	12	9
16	74	50	49	46	42	36	30	23	16	13	10	7
12	78	38	38	36	32	28	23	17	12	10	8	5
8	82	26	26	24	22	19	15	12	8	7	5	4
4	86	+ 13	+ 13	+ 12	+ 11	+ 9	+ 8	+ 6	+ 4	+ 3	+ 3	+ 2
0	90	0	0	0	0	0	0	0	0	0	0	0
	94	— 13	— 13	— 12	— 11	— 9	— 8	— 6	— 4	— 3	— 3	— 2
	98	....	....	— 24	— 22	19	15	12	8	7	5	4
	102	....	....	....	....	— 28	23	17	12	10	8	5
	106	....	....	....	....	....	— 30	23	16	13	10	7
	110	....	....	....	....	....	....	— 27	19	15	12	9
	114	....	....	....	....	....	....	....	22	17	14	10
152	118	....	....	....	....	....	....	....	— 25	20	15	11
148	122	....	....	....	....	....	....	....	....	— 21	16	12
144	126	....	....	....	....	....	....	....	....	....	17	13
140	130	....	....	....	....	....	....	....	....	....	18	13
136	134	....	....	....	....	....	....	....	....	....	18	13
135		....	....	....	....	....	....	....	....	....	— 18	— 13

Si la Lune est dans l'Ouest du méridien, c'est-à-dire si Æ — Tsg < 0, prendre le signe contraire à celui de la table.

D = ± 24°. Æ − T*g* > 0.		LATITUDE GÉOGRAPHIQUE.										
		0	± 8	± 16	± 24	± 32	± 40	± 48	± 56	± 60	± 64	± 68
+ 45°		+ 104	+ 103	+ 97	+ 87	+ 75	+ 62	+ 47	+ 33	+ 26	+ 20	+ 15
44	46	104	103	97	87	75	62	47	33	26	20	15
40	50	103	101	95	86	74	61	46	33	26	20	15
36	54	99	98	92	83	72	59	45	31	25	19	14
32	58	94	92	87	79	68	55	42	30	24	18	13
28	62	87	85	80	73	63	51	39	27	22	17	12
24	66	78	76	72	65	56	46	35	25	20	15	11
20	70	67	66	62	56	48	40	30	21	17	13	10
16	74	55	54	51	46	40	33	25	17	14	11	8
12	78	43	42	39	36	31	25	19	13	11	8	6
8	82	29	28	27	24	21	17	13	9	7	6	4
4	86	+ 15	+ 14	+ 14	+ 12	+ 11	+ 9	+ 7	+ 5	+ 4	+ 3	+ 2
0	90	0	0	0	0	0	0	0	0	0	0	0
	94	− 15	− 14	− 14	− 12	− 11	− 9	− 7	− 5	− 4	− 3	− 2
	98	.....	.....	− 27	24	21	17	13	9	7	6	4
	102	.....	.....	....	− 36	31	25	19	13	11	8	6
	106	.....	.....	....	....	40	33	25	17	14	11	8
	110	.....	.....	....	....	− 48	40	30	21	17	13	10
	114	.....	.....	....	....	....	− 46	35	25	20	15	11
152	118	.....	.....	....	....	....	....	39	27	22	17	12
148	122	.....	.....	....	....	....	....	42	30	24	18	13
144	126	.....	.....	....	....	....	....	....	31	25	19	14
140	130	.....	.....	....	....	....	....	....	33	26	20	15
136	134	.....	.....	....	....	....	....	....	33	26	20	15
135		.....	.....	....	....	....	....	....	− 33	− 26	− 20	− 15

Si la Lune est dans l'Ouest du méridien, c'est-à-dire si Æ − T*g* < 0, prendre le signe contraire à celui de la table.

D = ± 28°. Æ − Tsg > 0.		LATITUDE GÉOGRAPHIQUE. 0	± 8	± 16	± 24	± 32	± 40	± 48	± 56	± 60	± 64	± 68
+ 45°		+ 112	+ 110	+ 104	+ 94	+ 81	+ 66	+ 51	+ 35	+ 28	+ 22	+ 16
44	46	112	110	104	94	81	66	50	35	28	22	16
40	50	110	108	102	92	80	65	50	35	28	21	16
36	54	106	104	99	89	77	63	48	34	27	21	15
32	58	101	99	93	84	73	59	45	32	25	20	14
28	62	93	91	86	78	67	55	42	29	24	18	13
24	66	83	82	77	70	60	49	38	26	21	16	12
20	70	71	70	67	60	52	42	33	23	18	14	10
16	74	59	58	55	50	43	35	27	19	15	12	8
12	78	46	45	42	38	33	27	21	14	12	9	7
8	82	31	30	29	26	22	18	14	10	8	6	4
4	86	+ 16	+ 15	+ 14	+ 13	+ 11	+ 9	+ 7	+ 5	+ 4	+ 3	+ 2
0	90	0	0	0	0	0	0	0	0	0	0	0
	94	− 16	− 15	− 14	− 13	− 11	− 9	− 7	− 5	− 4	− 3	− 2
	98	− 31	− 30	29	26	22	18	14	10	8	6	4
	102	.....	.....	− 42	38	33	27	21	14	12	9	7
	106	.....	.....	.....	− 50	43	35	27	19	15	12	8
	110	.....	.....	.....	....	− 52	42	33	23	18	14	10
	114	.....	.....	.....	....	....	49	38	26	21	16	12
152	118	.....	.....	.....	....	....	− 55	42	29	24	18	13
148	122	.....	.....	.....	....	....	....	45	32	25	20	14
144	126	.....	.....	.....	....	....	....	48	34	27	21	15
140	130	.....	.....	.....	....	....	....	50	35	28	21	16
136	134	.....	.....	.....	....	....	....	50	35	28	22	16
135		.....	.....	.....	....	....	....	− 51	− 35	− 28	− 22	− 16

Si la Lune est dans l'Ouest du méridien, c'est-à-dire si Æ − Tsg < 0, prendre le signe contraire à celui de la table.

T. E.

SECOND TERME DE LA PARALLAXE
EN ASCENSION DROITE.
(ASTRES AUTRES QUE LA LUNE.)

Si Æ — Tsg est négatif (astre dans l'Ouest du méridien), prendre le signe contraire à celui donné par la table.

Si la latitude est Sud (L négatif), changer à la fois le signe de L et celui de D, avant d'entrer dans la table.

L	D	Æ – Tsg +10°	+25°	+35°	+45°	+55°	+65°	+75°	+85°
L = 0	± 70	+ 0″,2	+ 0″,5	+ 0″,8	+ 1″,1	+ 1″,6	+ 2″,2		
	65	//	0 ,2	0 ,3	0 ,5	0 ,7	1 ,0	+ (1″,5)	
	60	//	0 ,1	0 ,2	0 ,2	0 ,3	0 ,5	(0 ,8)	
	55	//	0 ,0	0 ,1	0 ,1	0 ,2	+ 0 ,3	(0 ,5)	
	50	//	0 ,0	0 ,0	0 ,1	0 ,1	+ 0 ,1	(0 ,3)	
	± 30	//	+ 0 ,0	+ 0 ,0	+ 0 ,0	+ 0 ,0	0 ,0	+ 0 ,1	
L = + 5°	+ 70	//	+ 0 ,3	+ 0 ,4	+ 0 ,6	+ 0 ,8	+ 1 ,0	+ (1 ,1)	
	65	//	0 ,1	0 ,2	0 ,3	0 ,4	0 ,5	0 ,6	
	60	//	//	0 ,1	0 ,2	0 ,2	0 ,3	0 ,4	+ (0″,3)
	55	//	//	//	0 ,1	0 ,1	0 ,2	0 ,2	
	+ 50	//	//	//	//	//	0 ,1	0 ,2	
	– 30	//	//	//	//	//	0 ,0	0 ,2	
	40	//	//	//	//	//	0 ,1	(0 ,5)	
	50	//	//	//	0 ,1	0 ,2	0 ,3		
	60	//	0 ,1	0 ,2	0 ,4	+ 0 ,6	+ (1 ,2)		
	– 70	+ 0 ,3	+ 0 ,9	+ 1 ,5	+ (2 ,5)				
L = + 10°	+ 70	//	+ 0 ,2	+ 0 ,2	+ 0 ,3	+ 0 ,4	+ 0 ,5	+ 0 ,5	+ 0 ,3
	65	//	0 ,1	0 ,1	0 ,2	0 ,2	0 ,2	0 ,3	0 ,2
	60	//	//	0 ,0	0 ,1	0 ,1	0 ,1	0 ,2	0 ,1
	+ 55	//	//	//	//	//	//	0 ,1	+ 0 ,1
	– 40	//	//	//	//	0 ,1	0 ,2	+ ((1 ,2))	
	50	//	//	//	0 ,2	0 ,3	+ (0 ,7)		
	60	+ 0 ,1	+ 0 ,2	+ 0 ,6	+ 0 ,7	+ (1 ,4)			
	– 70	+ (0 ,7)							
L = + 15°	+ 70	//	//	//	0 ,0	+ 0 ,3	+ 0 ,3	+ 0 ,3	0 ,1
	+ 65	//	//	//	//	0 ,1	0 ,1	+ 0 ,2	+ 0 ,1
	– 40	//	//	//	0 ,1	0 ,2	(0 ,4)		
	50	//	0 ,1	0 ,2	+ 0 ,3	+ 0 ,3	+ (0 ,6)		
	– 60	+ 0 ,2	+ 0 ,5	+ (0 ,8)					

Les chiffres entre ( ) et (( )) se rapportent à des hauteurs inférieures à 10° et à 5°, et ont été conservés pour l'interpolation.

D		Æ − Tsg +90°	+100°	+115°	+125°	+135°	+145°	+155°	+170°
L = 0	± 70								
	65								
	60								
	55								
	50								
	± 30								
L = + 5°	+ 70								
	65								
	60								
	55								
	+ 50								
	− 30								
	40								
	50								
	60								
	− 70								
L = + 10°	+ 70								
	65								
	60								
	+ 55								
	− 40								
	50								
	60								
	− 70								
L = + 15°	+ 70	0″,0	− 0″,6						
	+ 65								
	− 40								
	50								
	− 60								

Les chiffres entre ( ) et (( )) se rapportent à des hauteurs inférieures à 10° et à 5°, et ont été conservés pour l'interpolation.

L	D	Æ − Tsg +10°	+25°	+35°	+45°	+55°	+65°	+75°	+85°
L = +20°	+70	″	″	″	″	″	″	″	″
	65	″	″	″	″	″	″	″	″
	60	″	″	″	″	″	″	″	″
	+55	″	″	″	″	″	″	″	″
	−40	″	″	″	+0″,1	+0″,2	+((1″,0))		
	50	″	+0″,1	+0″,3	+(0,5)				
	−60	+(0″,3)							
L = +25°	+70	″	″	″	″	″	″	″	″
	65	″	″	″	″	″	″	″	″
	60	″	″	″	″	″	″	″	″
	+55	″	″	″	″	″	″	″	″
	−30	″	″	″	″	+0,1	+(0,5)		
	40	″	″	″	+0,2	+(0,5)			
	50	+0,1	+0,2	+(0,5)					
	−55	+0,2							
L = +30°	+70	″	″	″	″	″	″	″	″
	65	″	″	″	″	″	″	″	″
	60	″	″	″	″	″	″	″	″
	55	″	″	″	″	″	″	″	″
	+50	″	″	″	″	″	″	″	″
	−30	″	″	″	+0,1	+0,2			
	40	″	+0,1	+0,2	+(0,5)				
	−50	+(0,1)							
L = +35°	+70	″	″	″	″	″	″	″	″
	65	″	″	″	″	″	″	″	″
	60	″	″	″	″	″	″	″	″
	50	″	″	″	″	″	″	″	″
	+30	″	″	″	″	″	″	″	″
	−40	″	+0,2	+(0,4)					
L = +40°	+70	″	″	″	″	″	″	″	″
	65	″	″	″	″	″	″	″	″
	60	″	″	″	″	″	″	″	″
	55	″	″	″	″	″	″	″	″
	+50	″	″	″	″	″	″	″	″

Les chiffres entre ( ) et (( )) se rapportent à des hauteurs inférieures à 10° et à 5°, et ont été conservés pour l'interpolation.

D		Æ − Tsg +90°	+100°	+115°	+125°	+135°	+145°	+155°	+170°
L = +20°	+70	0″,0	− 0″,3	− 1″,3					
	65	0,0	0,2						
	60	0,0	0,2						
	+55	0,0	− 0,1						
	−40								
	50								
	−60								
L = +25°	+70	0,0	− 0,5	− 0,4	− 1″,0	− 1″,4	− (2″,3)		
	65	0,0	0,1	0,4	− (1,0)				
	60	0,0	− 0,1	0,5					
	+55	0,0	0,0	− (0,6)					
	−30								
	40								
	50								
	−55								
L = +30°	+70	0,0	− 0,1	− 0,3	− 0,4	− 0,6	− 0,9	− 0″,8	− 0″,4
	65	0,0	0,0	0,2	0,5	0,8	− (1,2)		
	60	0,0	0,0	0,2	0,6	− (1,1)			
	55	0,0	0,0	0,3	− (0,7)				
	+50	0,0	0,0	− (0,4)					
	−30								
	40								
	−50								
L = +35°	+70	0,0	0,0	− 0,2	− 0,2	− 0,4	− 0,4	− 0,4	− 0,2
	65	0,0	0,0	0,1	0,2	0,4	0,4	− 0,5	− 0,3
	60	0,0	0,0	0,1	0,3	− 0,5	− (0,7)		
	50	0,0	0,0	0,2	0,3				
	+30	0,0	0,0	− 0,1	− 0,3				
	−40								
L = +40°	+70	0,0	0,0	− 0,1	− 0,1	− 0,2	− 0,2	− 0,2	− 0,1
	65	0,0	0,0	0,0	0,1	0,2	0,2	0,3	0,1
	60	0,0	0,0	0,0	0,1	0,2	0,3	− 0,4	− 0,2
	55	0,0	0,0	0,1	0,1	0,3	− (0,4)		
	+50	0,0	0,0	− 0,1	− 0,2	− (0,6)			

Les chiffres entre ( ) et (( )) se rapportent à des hauteurs inférieures à 10° et à 5°, et ont été conservés pour l'interpolation.

T. F.

SECOND TERME DE LA PARALLAXE
EN DÉCLINAISON.
(LUNE.)

Exprimer $\left(\pi - \frac{R}{\cos H}\right)$ *en minutes d'arc, multiplier ce nombre par lui-même, puis par le facteur pris dans la table ci-après (en considérant les différences comme proportionnelles), enfin diviser par 10,000; le résultat exprimera des secondes d'arc.*

Si la latitude est Sud (L négatif), entrer dans la table avec les valeurs de L et de D changées de signe; prendre le facteur correspondant et en changer le signe.

L	D	Æ − Tsg 0°	± 8°	± 16°	± 24°	± 32°	± 40°	± 48°	± 56°	± 64°
L = 0°	+ 28	+ 72	+ 71	+ 67	+ 60	+ 52	+ 42	+ 32	+ 22	+ 13
	24	65	64	60	54	46	38	29	20	12
	20	56	55	52	47	40	33	25	18	10
	16	46	45	43	38	33	27	20	14	9
	12	36	35	33	29	25	21	16	11	7
	8	24	23	22	20	17	14	11	7	4
	+ 4	+ 12	+ 12	+ 11	+ 10	+ 8	+ 7	+ 5	+ 4	+ 2
	0	0	0	0	0	0	0	0	0	0
	− 4	− 12	− 12	− 11	− 10	− 8	− 7	− 5	− 4	− 2
	8	24	23	22	20	17	14	11	7	4
	12	36	35	33	29	25	21	16	11	7
	16	46	45	43	38	33	27	20	14	9
	20	56	55	52	47	40	33	25	18	10
	24	65	64	60	54	46	38	29	20	12
	− 28	− 72	− 71	− 67	− 60	− 52	− 42	− 32	− 22	− 13
L = + 5°	+ 28	+ 65	+ 64	+ 60	+ 53	+ 46	+ 36	+ 27	+ 18	+ 10
	24	56	55	52	46	39	31	23	15	8
	20	46	45	42	38	32	25	18	12	6
	16	36	35	33	29	24	19	13	8	4
	12	24	24	22	19	16	12	8	+ 5	+ 2
	8	+ 12	+ 12	+ 11	+ 9	+ 7	+ 5	+ 3	0	0
	+ 4	0	0	0	0	− 2	− 2	− 3	− 3	− 3
	0	− 12	− 12	− 12	− 11	10	9	8	7	4
	− 4	24	24	23	21	19	16	13	10	7
	8	35	35	33	30	27	23	18	14	9
	12	46	45	43	39	35	29	22	17	11
	16	56	55	52	47	41	34	27	20	13
	20	65	64	60	55	48	39	31	22	14
	24	71	71	67	61	53	43	34	24	15
	− 28	− 78	− 77	− 73	− 65	− 57	− 47	− 36	− 26	− 16
L = + 8°	+ 28	+ 56	+ 55	+ 51	+ 46	+ 37	+ 30	+ 21	+ 13	+ 6
	24	46	45	42	37	31	24	16	9	4
	20	36	35	32	28	23	17	11	6	+ 1
	16	24	24	21	18	14	10	+ 6	+ 2	− 1
	12	+ 12	+ 12	+ 10	+ 8	+ 6	+ 3	0	− 2	4
	8	0	0	0	− 2	− 3	− 4	− 5	6	6
	+ 4	− 12	− 12	− 12	12	12	11	11	10	8
	0	24	24	23	22	20	18	16	13	10
	− 4	35	35	34	31	28	25	21	17	12
	8	46	45	43	40	35	31	25	20	14
	12	56	55	52	48	43	36	29	22	15
	16	65	64	60	55	49	41	33	24	16
	20	72	71	67	61	53	45	35	26	17
	24	78	77	73	66	58	48	38	27	18
	− 28	− 83	− 81	− 77	− 70	− 61	− 50	− 39	− 28	− 18

Si L est négatif (Latitude Sud), entrer dans la table avec les valeurs de L et de D changées de signe. Prendre le facteur correspondant et en changer le signe.

D		± 72°	± 80°	± 88°	± 96°	± 104°	± 112°	± 120°	± 128°	± 136°
		Æ − Tsg								
L = 0°	+ 28	+ 7	+ 2	0						
	24	6	2	0						
	20	5	2	0						
	16	4	1	0						
	12	3	+ 1	0						
	8	2	0	0						
	+ 4	+ 1	0	0						
	0	0	0	0						
	− 4	− 1	0	0						
	8	2	0	0						
	12	3	− 1	0						
	16	4	1	0						
	20	5	2	0						
	24	6	2	0						
	− 28	− 7	− 2	0						
L = + 4°	+ 28	+ 4	0	0						
	24	3	0	0						
	20	+ 2	0	0						
	16	0	0	0						
	12	0	− 1	0						
	8	− 2	1	0						
	+ 4	3	2	0						
	0	4	2	0						
	− 4	5	2	0						
	8	6	3	0						
	12	6	3	0						
	16	7	3	0						
	20	8	3	0						
	24	8	3	0						
	− 28	− 8	− 3	0						
L = + 8°	+ 28	+ 1	− 2	− 2						
	24	0	2	2						
	20	− 2	3	2						
	16	3	3	1						
	12	4	3	1						
	8	5	4	− 1						
	+ 4	6	4	0						
	0	7	4	0						
	− 4	8	4	0						
	8	9	4	0						
	12	9	4	0						
	16	9	4	0						
	20	9	4	0						
	24	9	3	0						
	− 28	− 9	− 3	0						

Si L est négatif (Latitude Sud), entrer dans la table avec les valeurs de L et de D changées de signe. Prendre le facteur correspondant et en changer le signe.

L	D	Æ — Tsg 0°	± 8°	± 16°	± 24°	± 32°	± 40°	± 48°	± 56°	± 64°
L = + 12°	+ 28	+ 46	+ 45	+ 42	+ 45	+ 30	+ 22	+ 14	+ 7	+ 1
	24	36	35	32	27	22	15	9	+ 3	− 1
	20	24	24	21	18	13	+ 8	+ 3	0	4
	16	+ 12	+ 12	+ 10	+ 8	+ 4	− 0	− 2	− 5	7
	12	0	0	− 1	− 3	− 5	− 6	8	9	9
	8	− 12	− 12	12	13	13	14	13	13	11
	+ 4	24	24	23	23	22	20	19	16	13
	0	35	35	34	32	30	27	23	20	15
	− 4	46	45	44	41	37	33	28	22	17
	8	56	55	54	49	44	38	32	25	18
	12	65	64	61	56	50	43	35	27	19
	16	72	71	68	62	55	47	38	28	19
	20	78	77	73	67	59	49	39	29	19
	24	83	82	77	70	62	51	40	29	19
	− 28	− 86	− 84	− 80	− 73	− 60	− 52	− 41	− 29	− 18
L = + 16°	+ 28	+ 36	+ 35	+ 32	+ 27	+ 21	+ 14	+ 7	0	− 4
	24	24	23	21	17	12	+ 7	+ 1	− 4	7
	20	+ 12	+ 12	+ 10	+ 7	+ 3	0	− 5	8	10
	16	0	0	− 2	− 3	− 6	− 8	11	12	12
	12	− 12	− 12	13	14	15	16	16	16	15
	8	24	24	24	24	23	23	21	20	17
	+ 4	35	35	34	33	31	29	26	23	19
	0	46	46	44	42	39	34	31	26	20
	− 4	56	55	53	50	46	40	34	28	21
	8	65	64	61	57	50	45	37	30	22
	12	72	70	68	63	57	49	40	31	22
	16	88	77	74	68	60	51	41	31	21
	20	83	82	77	71	63	53	42	31	21
	24	86	84	80	73	64	54	42	31	20
	− 28	− 87	− 86	− 81	− 74	− 64	− 53	− 41	− 29	− 18
L = + 20°	+ 28	+ 24	+ 23	+ 21	+ 16	+ 11	+ 5	0	− 6	− 10
	24	+ 13	+ 12	+ 10	+ 6	+ 2	− 3	− 7	10	13
	20	0	0	− 2	− 4	− 7	10	13	15	16
	16	− 12	− 12	13	15	16	18	19	19	18
	12	24	24	24	24	25	25	24	23	20
	8	35	35	35	35	33	31	29	26	22
	+ 4	46	46	45	43	41	37	33	29	23
	0	56	55	54	51	47	43	37	31	24
	− 4	65	64	62	58	53	47	40	33	25
	8	72	71	68	64	58	51	42	34	24
	12	78	77	74	69	62	53	44	34	24
	16	83	82	78	72	64	55	44	33	23
	20	86	85	80	74	65	55	44	32	21
	24	87	86	81	74	65	54	43	31	19
	− 28	− 86	− 85	− 81	− 73	− 64	− 53	− 41	− 29	− 17

Si L est négatif (Latitude Sud), entrer dans la table avec les valeurs de L et de D changées de signe. Prendre le facteur correspondant et en changer le signe.

L	D	± 72°	± 80°	± 88°	± 96°	± 104°	± 112°	± 120°	± 128°	± 136°
		Æ — Tsg								
L = + 12°	+ 28	— 3	— 5	— 4						
	24	4	5	3						
	20	6	5	3						
	16	7	6	3						
	12	8	6	2						
	8	9	6	2						
	+ 4	10	6	— 2						
	0	11	6	0						
	— 4	11	6	0						
	8	11	5	0						
	12	11	5	0						
	16	11	4	0						
	20	11	4	0						
	24	10	3	0						
	— 28	— 9	— 2	0						
L = + 16°	+ 28	— 7	— 8	— 6						
	24	9	8	6						
	20	10	9	5						
	16	11	9	5						
	12	12	9	4						
	8	13	9	3						
	+ 4	14	8	2						
	0	14	8	— 1						
	— 4	14	7	0						
	8	14	6							
	12	13	5							
	16	12	4							
	20	11	3							
	24	10	2							
	— 28	— 8	— 0							
L = + 20°	+ 28	— 5	— 12	— 9	— 4					
	24	14	12	9	3					
	20	15	12	8	— 1					
	16	16	12	7						
	12	17	12	5						
	8	17	11	4						
	+ 4	17	10	3						
	0	17	9	— 2						
	— 4	16	8	0						
	8	15	7							
	12	14	5							
	16	13	4							
	20	11	— 2							
	24	9	0							
	— 28	— 7								

Si L est négatif (Latitude Sud), entrer dans la table avec les valeurs de L et de D changées de signe. Prendre le facteur correspondant et en changer le signe.

L	D	Æ — Tsg 0°	± 8°	± 16°	± 24°	± 32°	± 40°	± 48°	± 56°	± 64°
L = + 24°	+ 28	+ 13	+ 12	+ 9	+ 6	0	− 4	− 9	− 13	− 16
	24	0	0	− 2	− 5	− 8	12	15	18	19
	20	− 12	− 12	13	15	17	20	21	22	22
	16	24	24	24	25	26	27	27	26	24
	12	35	35	35	35	35	34	32	29	26
	8	46	46	45	44	42	40	36	32	27
	+ 4	56	55	54	52	49	45	40	34	28
	0	65	64	62	59	55	49	43	36	28
	− 4	72	71	69	65	59	53	45	37	28
	8	78	77	74	69	63	55	46	37	27
	12	83	82	78	73	65	57	47	36	25
	16	86	85	81	75	66	57	46	35	23
	20	87	86	82	75	66	56	44	33	21
	24	87	85	81	74	65	54	42	30	18
	− 28	− 85	− 83	− 79	− 72	− 62	− 51	− 39	− 27	− 15
L = + 28°	+ 28	0	0	− 2	− 5	− 9	− 14	− 18	− 21	− 23
	24	− 12	− 12	14	16	19	22	24	25	26
	20	24	24	25	26	28	29	30	29	28
	16	35	35	35	36	36	36	35	33	30
	12	46	46	45	45	43	42	39	36	31
	8	56	55	54	53	50	47	43	38	32
	+ 4	65	64	62	60	56	52	46	39	32
	0	72	71	69	66	61	55	48	40	31
	− 4	78	77	75	70	65	57	49	40	30
	8	83	82	79	74	67	59	49	39	28
	12	86	85	81	75	68	59	48	37	26
	16	87	86	82	76	68	58	46	35	23
	20	87	85	81	75	66	55	44	32	20
	24	85	83	79	72	63	52	40	28	16
	− 28	81	80	75	68	59	48	36	24	12
L = + 32°	+ 28	− 12	− 12	− 14	− 16	− 20	− 23	− 26	− 28	− 29
	24	24	24	25	27	29	30	32	33	32
	20	35	35	36	37	37	38	38	36	34
	16	46	46	46	46	45	44	42	39	35
	12	56	55	55	54	52	50	46	42	36
	8	65	64	63	61	58	54	49	43	36
	+ 4	72	71	70	67	63	57	51	44	35
	0	78	77	75	71	66	60	52	43	34
	− 4	83	82	79	75	68	61	52	42	32
	8	86	85	82	76	69	61	51	40	29
	12	87	86	82	77	69	60	49	38	26
	16	87	85	82	75	67	57	46	34	22
	20	85	83	79	73	64	54	42	28	18
	24	81	80	75	69	60	49	37	25	13
	− 28	− 76	− 75	− 70	− 63	− 54	− 36	− 32	− 20	− 9

Si L est négatif (Latitude Sud), entrer dans la table avec les valeurs de L et de D changées de signe. Prendre le facteur correspondant et en changer le signe.

L	D	Æ — Tsg ±72°	±80°	±88°	±90°	±104°	±112°	±120°	±128°	±136°
L = + 24°	+ 28	— 17	— 16	— 13	— 7					
	24	19	16	12	5					
	20	20	16	10	— 3					
	16	21	16	9	0					
	12	21	15	7						
	8	21	14	— 6						
	+ 4	20	12	0						
	0	20	11							
	— 4	18	9							
	8	17	7							
	12	15	5							
	16	13	— 3							
	20	10	0							
	24	7								
	— 28	— 5								
L = + 28°	+ 28	— 23	— 21	— 17	— 11					
	24	24	21	15	8					
	20	25	20	14	6					
	16	25	19	12	— 3					
	12	25	18	10	0					
	8	25	16	7						
	+ 4	23	14	5						
	0	22	12	— 2						
	— 4	20	9							
	8	17	7							
	12	15	4							
	16	12	— 1							
	20	8								
	24	5								
	— 28	2								
L = + 32°	+ 28	— 29	— 26	— 21	— 15	— 6				
	24	30	25	19	12	— 2				
	20	30	24	17	8					
	16	30	23	15	5					
	12	29	21	12	— 2					
	8	28	19	9						
	+ 4	26	16	6						
	0	24	13	— 2						
	— 4	21	10							
	8	18	6							
	12	14	— 3							
	16	10								
	20	6								
	24	— 2								
	— 28									

Si L est négatif (Latitude Sud), entrer dans la table avec les valeurs de L et de D changées de signe. Prendre le facteur correspondant et en changer le signe.

L	D	0°	± 8°	± 16°	± 24°	± 32°	± 40°	± 48°	± 56°	± 64°
		Æ — Tsg								
L = + 36°	+ 28	− 24	− 24	− 25	− 27	− 30	− 32	− 35	− 36	− 36
	24	35	35	36	37	39	40	40	40	38
	20	46	46	46	46	47	46	45	43	40
	16	56	56	55	55	54	52	49	45	41
	12	65	64	63	62	59	56	52	47	41
	8	72	72	70	68	64	60	54	48	40
	+ 4	78	78	76	72	68	62	55	47	38
	0	83	82	80	76	70	63	55	46	36
	− 4	86	85	82	77	71	63	54	44	33
	8	87	86	83	78	70	62	52	41	29
	12	87	86	82	76	69	59	48	37	25
	16	85	84	80	74	65	55	44	32	20
	20	81	80	76	69	61	51	39	27	15
	24	76	74	70	64	55	45	34	22	− 9
	− 18	− 69	− 68	− 64	− 57	− 49	− 38	− 27	− 15	
L = + 40°	+ 28	− 35	− 35	− 36	− 38	− 40	− 41	− 43	− 43	− 42
	14	46	46	46	47	48	48	48	47	44
	20	56	56	56	55	55	54	52	49	45
	16	64	64	64	63	61	59	55	51	45
	12	72	72	71	69	66	62	57	52	45
	8	78	78	76	73	70	65	59	51	43
	+ 4	83	82	80	77	72	66	58	50	40
	0	86	85	82	78	73	65	57	48	37
	− 4	87	86	83	79	72	64	55	44	33
	8	87	86	83	77	70	61	51	40	29
	12	85	84	80	74	67	58	47	35	23
	16	81	80	76	78	62	52	42	30	18
	20	76	75	71	65	56	46	35	24	12
	24	69	68	64	58	49	40	29	17	− 5
	− 28	− 61	− 60	− 56	− 50	− 42	− 32	− 21	− 10	
L = + 44°	+ 28	− 46	− 46	− 47	− 48	− 49	− 50	− 50	− 50	− 49
	24	56	56	56	56	56	56	55	53	50
	20	65	64	64	64	63	61	58	55	50
	16	72	72	71	70	68	65	61	56	50
	12	78	78	77	74	71	67	62	56	48
	8	83	82	81	78	74	68	62	54	45
	+ 4	86	85	83	79	74	68	60	52	42
	0	87	86	84	80	74	67	58	48	38
	− 4	87	86	83	78	72	64	54	44	33
	8	85	84	81	75	68	60	50	39	27
	12	81	80	77	71	64	55	44	33	21
	16	76	75	71	65	58	48	38	26	14
	20	69	68	64	58	51	41	31	19	− 7
	24	61	60	56	50	42	33	23	12	0
	− 28	− 52	− 51	− 47	− 41	− 34	− 25	− 14	− 4	

Si L est négatif (Latitude Sud), entrer dans la table avec les valeurs de L et de D changées de signe. Prendre le facteur correspondant et en changer le signe.

	D	AR − Tsg								
		± 72°	± 80°	± 88°	± 96°	± 104°	± 112°	± 120°	± 128°	± 136°
L = + 36°	+ 28	− 34	− 31	− 26	− 19	− 10				
	24	35	30	24	16	6				
	20	35	29	21	12	− 1				
	16	34	27	18	8					
	12	33	24	14	− 3					
	8	31	21	10						
	+ 4	28	18	6						
	0	25	14	− 2						
	− 4	21	10							
	8	17	5							
	12	13	− 1							
	16	8								
	20	− 3								
	24									
	− 28									
L = + 40°	+ 28	− 40	− 37	− 31	− 24	− 15				
	24	40	35	28	20	10				
	20	40	33	25	15	− 5				
	16	39	30	21	11					
	12	36	27	17	− 6					
	8	34	23	12	0					
	+ 4	30	19	7						
	0	26	14	− 2						
	− 4	21	9							
	8	16	− 4							
	12	11								
	16	− 6								
	20									
	24									
	− 28									
L = + 44°	+ 28	− 46	− 42	− 36	− 29	− 20				
	24	46	40	33	24	15				
	20	44	37	29	19	9				
	16	42	34	24	14	− 2				
	12	40	30	19	8					
	8	36	25	14	− 2					
	+ 4	31	20	8						
	0	26	15	− 3						
	− 4	21	9							
	8	15	− 3							
	12	9								
	16	− 3								
	20									
	24									
	− 28									

Si L est négatif (Latitude Sud), entrer dans la table avec les valeurs de L et de D changées de signe. Prendre le facteur correspondant et en changer le signe.

L	D	Æ − Tsg 0°	± 8°	± 16°	± 24°	± 32°	± 40°	± 48°	± 56°	± 64°
L = + 48°	+ 28	− 56	− 56	− 56	− 57	− 57	− 58	− 58	− 57	− 54
	24	64	64	64	64	64	63	61	59	55
	20	72	72	71	71	69	67	64	60	55
	16	72	78	77	75	73	69	65	60	53
	12	83	82	81	79	75	71	65	59	51
	8	86	85	83	79	76	71	64	56	47
	+ 4	87	86	84	81	76	69	61	53	43
	0	87	86	83	79	73	66	58	48	38
	− 4	85	84	81	76	70	62	53	43	32
	8	81	80	77	72	65	57	47	36	25
	12	76	75	71	66	59	50	40	29	18
	16	69	68	65	59	52	43	33	22	10
	20	61	60	57	51	44	35	25	14	− 3
	24	52	51	47	42	35	26	16	− 6	
	− 28	− 42	− 40	− 37	− 32	− 25	− 16	− 7		
L = + 52°	+ 28	− 64	− 65	− 65	− 65	− 65	− 65	− 64	− 62	− 60
	24	72	72	72	71	70	69	67	64	60
	20	78	78	77	76	74	72	68	64	59
	16	83	82	81	79	77	73	69	63	56
	12	86	85	84	81	78	73	67	61	53
	8	87	87	85	82	77	72	65	57	48
	+ 4	87	86	84	80	75	69	61	53	43
	0	85	84	81	77	72	65	57	47	37
	− 4	81	80	77	73	67	59	50	40	30
	8	76	75	72	67	61	53	43	33	22
	12	69	68	65	60	53	45	36	25	14
	16	61	60	57	52	45	37	27	17	− 6
	20	52	51	47	42	36	27	18	− 8	
	24	41	40	37	32	26	18	− 9		
	− 28	− 30	− 29	− 26	− 22	− 15	− 8			
L = + 56°	+ 28	− 72	− 72	− 72	− 72	− 72	− 71	− 70	− 68	− 65
	24	78	78	78	77	76	74	71	68	64
	20	83	83	82	80	78	76	72	67	62
	16	86	86	84	82	79	76	71	65	59
	12	87	87	86	83	79	74	69	62	54
	8	87	86	84	82	77	72	65	57	49
	+ 4	85	84	82	78	74	67	60	52	42
	0	81	80	78	74	69	62	54	45	35
	− 4	76	75	72	68	62	55	47	37	27
	8	69	68	65	61	55	48	39	29	19
	12	61	60	57	53	46	39	30	20	− 10
	16	52	51	48	43	37	29	21	11	2
	20	41	41	38	33	27	19	− 11	− 2	
	24	30	29	27	22	16	− 9	0		
	− 28	− 19	− 18	− 15	− 11	− 5				

Si L est négatif (Latitude Sud), entrer dans la table avec les valeurs de L et de D changées de signe. Prendre le facteur correspondant et en changer le signe.

	D	Æ — Tsg								
		± 72°	± 80°	± 88°	± 96°	± 104°	± 112°	± 120°	± 128°	± 136°
L = + 48°	+ 28	— 51	— 47	— 41	— 34	— 26	— 17			
	24	51	45	37	29	19	9			
	20	49	41	33	23	13	— 2			
	16	46	37	27	17	— 8				
	12	42	32	22	11					
	8	38	27	16	— 4					
	+ 4	32	21	9						
	0	26	15	— 3						
	— 4	20	8							
	8	13	— 1							
	12	— 6								
	16									
	20									
	24									
	— 28									
L = + 52°	+ 28	— 57	— 52	— 46	— 39	— 31	— 23	— 14		
	24	55	49	42	34	25	15	— 5		
	20	52	45	37	27	17	— 7			
	16	49	40	31	21	10				
	12	44	35	24	13	— 2				
	8	39	28	17	— 6					
	+ 4	33	22	10						
	0	26	14	— 3						
	— 4	19	— 7							
	8	11								
	12	— 3								
	16									
	20									
	24									
	— 28									
L = + 56°	+ 28	— 61	— 57	— 51	— 44	— 37	— 29	— 21		
	24	59	53	46	38	30	21	12		
	20	56	48	40	31	22	12	— 3		
	16	51	43	34	24	14	— 4			
	12	46	37	27	16	— 5				
	8	39	29	19	— 8					
	+ 4	32	22	11						
	0	25	14	— 2						
	— 4	17	— 5							
	8	— 8								
	12									
	16									
	20									
	24									
	— 28									

Si L est négatif (Latitude Sud), entrer dans la table avec les valeurs de L et de D changées de signe. Prendre le facteur correspondant et en changer le signe.

L	D	Æ — Tsg 0°	± 8°	± 16°	± 24°	± 32°	± 40°	± 48°	± 56°	± 64°
L = + 60°	+ 28	− 78	− 78	− 78	− 78	− 77	− 76	− 74	− 72	− 69
	24	83	83	82	81	80	78	75	72	67
	20	86	86	85	83	81	78	74	70	64
	16	87	87	86	84	81	77	72	67	60
	12	87	86	85	82	79	74	69	62	55
	8	85	84	82	80	75	70	64	57	48
	+ 4	81	80	78	75	70	65	58	50	41
	0	76	77	73	69	64	58	50	42	33
	− 4	69	68	66	62	57	50	42	34	24
	8	61	60	58	54	48	41	33	24	15
	12	52	51	48	44	39	32	24	15	− 5
	16	41	41	38	34	28	21	13	− 5	
	20	30	30	27	23	17	− 11	− 3		
	24	19	18	15	− 11	− 6				
	− 28	− 7	− 6	− 4						
L = + 64°	+ 28	− 83	− 83	− 82	− 82	− 81	− 80	− 78	− 75	− 72
	24	86	86	85	84	82	80	77	74	70
	20	87	89	86	84	82	79	76	71	66
	16	87	86	85	83	80	77	72	67	61
	12	85	84	83	80	77	73	67	61	55
	8	81	80	79	76	72	67	59	55	47
	+ 4	76	75	73	70	66	61	54	47	39
	0	69	68	66	63	58	53	46	38	30
	− 4	61	60	58	54	50	44	37	29	20
	8	52	51	49	45	40	34	27	19	− 10
	12	41	41	38	35	30	24	16	− 9	
	16	30	30	27	24	19	− 13	− 6		
	20	19	18	16	− 12	− 7				
	24	− 7	− 6	− 4						
	− 28									
L = + 68°	+ 28	− 86	− 86	− 85	− 85	− 84	− 82	− 80	− 78	− 75
	24	87	87	86	85	84	82	79	75	72
	20	87	87	86	84	82	79	76	70	67
	16	85	84	83	81	79	75	71	66	61
	12	81	81	79	77	74	70	65	60	54
	8	76	75	74	71	68	63	58	52	45
	+ 4	69	68	67	64	60	55	50	43	36
	0	61	60	57	55	52	46	41	34	26
	− 4	52	51	49	46	42	37	30	23	16
	8	41	41	39	36	31	26	20	13	− 5
	12	30	30	28	25	20	15	− 9	− 2	
	16	18	18	16	13	− 8	− 4			
	20	− 6	− 6	− 4	− 1					
	24									
	− 28									

Si L est négatif (Latitude Sud), entrer dans la table avec les valeurs de L et de D changées de signe. Prendre le facteur correspondant et en changer le signe.

	D	Ɍ − T$_{sg}$ ±72°	±80°	±88°	±96°	±104°	±112°	±120°	±128°	±136°
L = +60°	−28	−65	−61	−55	−49	−43	−35	−28		
	24	62	57	50	43	35	27	19		
	20	58	51	44	35	27	18	−9		
	16	53	45	37	27	18	−9			
	12	47	38	29	19	−9				
	8	40	30	20	−10					
	+4	32	22	11	0					
	0	23	13	−2						
	−4	14	−4							
	8	−5								
	12									
	16									
	20									
	24									
	−28									
L = +64°	−28	−68	−64	−60	−54	−48	−42	−35	−29	−23
	24	65	60	54	47	40	33	26	19	−12
	20	60	54	47	39	32	24	−16	−8	
	16	54	47	39	31	22	−14			
	12	47	39	31	22	−13				
	8	39	31	21	−12					
	+4	31	21	−12						
	0	21	−12							
	−4	11								
	8	−1								
	12									
	16									
	20									
	24									
	−28									
L = +68°	−28	−71	−68	−63	−58	−53	−48	−42	−37	−32
	24	67	62	57	51	45	39	33	27	21
	20	62	56	50	43	36	29	23	16	−10
	16	55	48	41	34	27	19	−12	−5	
	12	47	40	32	24	−16	−9			
	8	38	31	23	−14					
	+4	29	21	−12						
	0	19	−10							
	−4	−8								
	0									
	12									
	16									
	20									
	24									
	−28									

Si L est négatif (Latitude Sud), entrer dans la table avec les valeurs de L et de D changées de signe. Prendre le facteur correspondant et en changer le signe.

T. G.

CORRECTION TOUJOURS SOUSTRACTIVE

À APPORTER

AU RÉSULTAT DE LA FORMULE

$$D_S^2 = (\mathcal{AR}'_{\text{☾}} - \mathcal{AR}'_A)^2 \cos^2 Dm + (D'_{\text{☾}} - D'_A)^2.$$

Dm	$D'_{☾} - D_A$	$(\mathcal{R}'_{☾} - \mathcal{R}'_A)$ 0	1	2	3	4	5	6	7	8
0°	0	0″,0	0″,0	0″,0	0″,0	0″,0	0″,0	0″,0	0″,0	(0″,0)
	1	0,0	0,0	0,0	0,1	0,2	0,2	0,3	0,4	(0,6)
	2	0,0	0,1	0,2	0,4	0,5	0,9	1,0	1,2	(1,5)
	3	0,0	0,2	0,5	0,9	1,3	1,7	2,2	2,6	(3,2)
	4	0,0	0,2	0,7	1,3	2,0	2,8	3,7	(4,5)	
	5	0,0	0,2	0,8	1,7	2,8	4,0	5,3		
	6	0,0	0,3	1,0	2,1	3,6	5,3	(7,0)		
	7	0,0	0,3	1,2	2,6	(4,5)	(6,5)			
	8	0,0	(0,4)	(1,5)	(3,1)	(5,2)				
8°	0	0,0	0,0	0,0	0,1	0,1	0,1	0,2	0,3	0,5
	1	0,0	0,0	0,1	0,2	0,3	0,4	0,5	0,7	0,9
	2	0,0	0,1	0,2	0,4	0,7	1,0	1,3	1,6	(1,9)
	3	0,0	0,2	0,4	0,9	1,4	2,0	2,5	3,1	(3,6)
	4	0,0	0,3	0,7	1,4	2,2	3,1	4,0	(4,9)	
	5	0,0	0,3	0,8	1,9	3,1	4,3	5,6		
	6	0,0	0,3	1,1	2,3	3,9	5,6	(7,5)		
	7	0,0	0,4	1,2	2,7	(4,6)	(6,9)			
	8	0,0	0,5	(1,5)	(3,2)	(5,5)				
16°	0	0,0	0,0	0,0	0,1	0,2	0,4	0,6	1,2	1,7
	1	0,0	0,0	0,1	0,3	0,4	0,6	1,0	1,5	2,1
	2	0,0	0,1	0,2	0,5	0,9	1,4	1,9	2,5	3,3
	3	0,0	0,2	0,5	1,1	1,7	2,4	3,2	7,2	(5,4)
	4	0,0	0,3	0,8	1,6	2,5	3,7	5,0	6,3	
	5	0,0	0,3	0,9	2,1	3,5	5,0	6,7	(8,6)	
	6	0,0	0,3	1,1	2,5	4,3	6,5	(8,7)		
	7	0,0	0,4	1,4	3,1	5,2	(7,9)			
	8	0,0	0,5	(1,7)	(3,6)	(6,2)				
24°	0	0,0	0,0	0,1	0,2	0,5	0,9	1,5	2,4	3,5
	1	0,0	0,1	0,2	0,4	0,7	1,0	1,9	2,8	4,1
	2	0,0	0,1	0,4	0,7	1,3	2,1	2,9	4,0	5,5
	3	0,0	0,2	0,7	1,4	2,2	3,2	4,5	5,9	7,8
	4	0,0	0,3	0,9	2,0	3,1	4,7	6,3	8,4	
	5	0,0	0,3	1,1	2,5	4,1	6,2	8,5	(11,0)	
	6	0,0	0,3	1,4	3,0	5,2	7,8	(10,8)		
	7	0,0	0,4	1,6	3,7	6,3	(9,4)			
	8	0,0	(0,5)	(1,9)	(4,2)	(7,6)				
30°	0	0,0	0,0	0,2	0,3	0,7	1,2	2,1	3,4	5,1
	1	0,0	0,1	0,2	0,5	1,0	1,6	2,6	4,0	5,6
	2	0,0	0,2	0,5	1,0	1,7	2,6	3,9	5,4	7,3
	3	0,0	0,2	0,8	1,6	2,6	4,0	5,6	7,6	9,9
	4	0,0	0,2	1,0	2,1	3,7	5,5	7,8	10,3	
	5	0,0	0,4	1,4	2,8	4,9	7,2	10,0	13,2	
	6	0,0	0,4	1,6	3,4	6,0	9,0	12,7		
	7	0,0	0,5	2,0	4,1	7,2	(10,9)			
	8	0,0	(0,6)	(2,3)	(4,9)	(8,4)				

Les corrections (. . . . .) se rapportent à des distances supérieures à 8°,00′.

EXEMPLES.

CALCUL DE L'HEURE DE PARIS PAR UNE DISTANCE LUNAIRE.

CALCUL DE L'HEURE DE PARIS PAR UNE DISTANCE LUNAIRE.

FORMULES.

Parall. en Æ : (1) $\text{Æ}' - \text{Æ} = \frac{m \sin(\text{Æ} - Tsg)}{\sin 1''} + \frac{m^2 \sin^2(\text{Æ} - Tsg)}{2 \sin 1''}$ (2) $m = \frac{\sin \pi \cos Lg}{\cos D}$

Parall. en D : (3) $D' - D = \frac{n \sin(D - \gamma)}{\sin 1''} + \frac{n^2 \sin^2(D - \gamma)}{2 \sin 1''}$ (4) $n = \frac{\sin \pi \sin Lg}{\sin \gamma}$

(5) $\operatorname{tg} \gamma = \frac{\operatorname{tg} Lg \cos \frac{1}{2}(\text{Æ}' - \text{Æ})}{\cos\left(\text{Æ} - Tsg + \frac{\text{Æ}' - \text{Æ}}{2}\right)}$

Les seconds termes des formules (1) et (3) sont donnés par les tables D (ou E) et F; le second terme de la parallaxe en D ne se prend que pour la Lune; il est toujours inférieur à 0" 1 pour l'astre conjugué.

Dans le calcul, $\frac{m}{\sin 1''}$ et $\frac{n}{\sin 1''}$ sont remplacés par $\frac{\pi'' \cos Lg}{\cos D}$ et $\frac{\pi'' \sin Lg}{\sin \gamma}$;

π'' se déduit de la parallaxe horizontale par la formule $\pi'' = \pi - \frac{R}{\cos Hg}$.

Formule des distances auxil. $> 30°$ $\cos D_S = \sin D'_{☾} \sin D'_A + \cos D'_{☾} \cos D'_A \cos(\text{Æ}'_{☾} - \text{Æ}'_A)$.

. . . . $< 60°$. . . $\sin^2 \frac{D_S}{2} = \sin^2 \frac{D'_{☾} - D'_A}{2} + \cos D_{☾} \cos D'_A \sin^2 \frac{\text{Æ}'_{☾} - \text{Æ}'_A}{2}$. (Commandant Fayet.)

. . . . $< 3° 5$ $D_S^2 = (\text{Æ}'_{☾} - \text{Æ}'_A)^2 \cos^2 Dm + (D'_{☾} - D'_A)^2$ $Dm = \frac{D_{☾} + D_A}{2}$.

Les tables employées dans les exemples sont celles de M. Friocourt (à 6 décimales). Avec les tables à 7 décimales, la première formule des distances auxiliaires peut être employée jusqu'à 7° ou 8° au lieu de 30°; au-dessous de 8°, on peut commencer à employer la troisième formule, mais en apportant au résultat une correction, toujours soustractive, prise dans la table G. Pour les calculs des pages 106 et 111, des tables à 5 décimales suffisent.

Calcul de T*mp* *exact.* — Si les distances auxiliaires sont calculées pour les époques T$mp - h^{min}$ et T$mp + h^{min}$, la correction à faire à T$mp - h^{min}$ pour avoir T*mp* se calcule par la formule

$$x^{sec} = 2h \times 60 \frac{D_{s_0} - D_{s_1}}{D_{s_2} - D_{s_1}}.$$

Le 22 mai 1901, vers 5 heures du soir, par

$$\begin{cases} Le = 48^\circ\ 23' \text{ Nord} \\ Ge = 5^h\ 27^m \text{ Ouest} \end{cases}$$

on a mesuré une distance luni-solaire

Dsi ☾ — ☉ $= 62^\circ\ 08'\ 16''$ $\qquad$ $M = 6^h\ 34^m\ 42^s$

$A - M = 1^h\ 17^m\ 14^s$ $\qquad$ T*mp* — A approch. $= 2^h\ 37^m\ 24^s$

$\beta = 768^{mm}$ $\qquad$ $\theta = 26^\circ$ $\qquad$ $\varepsilon = +1'\ 10''$.

On a mesuré d'autre part (ou calculé) les hauteurs vraies et les azimuts des centres des deux astres

$$\begin{cases} Hv \odot = 23^\circ\ 57'\ 30'' \\ Z \odot = \text{N. } 86\ \text{O.} \end{cases} \qquad \begin{cases} Hv ☾ = 54^\circ\ 57'\ 45'' \\ Z ☾ = \text{S. } 18\ \text{O.} \end{cases}$$

On demande l'heure de Paris correspondante et T*mp* — A rectifié.

CALCUL DE *Tmp* ET DES ÉLÉMENTS DE LA C. *d*. T.

CALCUL DE *Tmp* MOYEN.

M =	6h 34m 42s
A − M =	1 17 14
Tmp − A =	2 37 24
Tmp =	10h 29m 20s

CALCUL DE Æ☾ ET D☾.

à *Tmp* = 10h Æ☾ =	8h 17m 59s,10	D☾ = + 14° 32′ 26″,3
Corr. pour *Tmp* [1] − 10h	+ 1 04 ,84	− 4 09 ,5
à *Tmp* moyen, Æ☾ =	8h 19m 03s,94	D☾ = + 14° 28′ 16″,8
Corr. Newcomb [2] =	− 1 72	+ 8 ,1
Æ☾ =	8h 19m 02s,22	D☾ = + 14° 28′ 24″,9

CALCUL DE Æ⊙ ET D⊙.

à *Tmp* = 0. Æ⊙ =	3h 54m 03s,98	D⊙ = + 20° 18′ 02″,8
Corr. pour *Tmp*	+ 1 45 ,21	+ 5 12 ,4
Æ⊙ =	3h 55m 49s,19	D⊙ = + 20° 23′ 15″,2

Correction [3] pr ∓ 2 minutes .... ∓ 4s,42 .... ± 17″,0 .... ∓ 0s,33 .... ∓ 1″,0

pour Æ☾, π₀ = 57′ 23″,6.

CALCUL DE *Tsg*, DES Æ — *Tsg*, DES ANGLES AUX ASTRES, DE *Lg*.

Tmp =	10h 29m 20s
G = −	5 27 00
Tmg =	5h 02m 20s
Æm =	3 57 38 ,7
T. VI − C. *d*. T =	1 43 ,4
Tsg =	9h 01m 42s,1
Æ☾ =	8 19 02
Æ − *Tsg* =	0h 42m 40s

Zr⊙ =	N. 86° O.
Zr☾ =	S. 18 O.
Zr⊙ − Zr☾ =	76°
	9h 01m 42s,1
Æ⊙ =	3 55 49 2
Æ⊙ − *Tsg* =	− 5h 05m 53s

log cos H☾ =	$\bar{1}$,7591
log sin (Z⊙ − Z☾) =	$\bar{1}$,9869
colog sin D*z* =	0,0521
log sin A⊙ =	$\bar{1}$,7981
A⊙ =	39° [4].

log cos H⊙ =	$\bar{1}$,9609
log sin (Z⊙ − Z☾) =	$\bar{1}$,9869
colog sin D*z* =	0,0521
log sin A☾ =	$\bar{1}$,9999
A☾ =	90° environ.

L =	48° 23′ 00″ N.
− T. XX =	− 11 42
Lg =	48° 11′ 18″ N.

(1) Ces corrections doivent être calculées avec toute la rigueur que permettent les tables; à cet effet, prendre comme variations, les variations calculées pour l'instant $\frac{Tmp + Top}{2}$, ici pour 10h 15 (Lune) et 5 heures (Soleil).

(2) C. *d*. T. «Corrections aux coordonnées de la Lune» (qui précède *Explication et usage des Éphémérides*).

(3) Servent au calcul de Æ et D correspondant à *Tmp* − 2min et *Tmp* + 2min, prendre les variations par minute calculées pour *Tmp*.

(4) Inutile s'il s'agit d'une étoile ou d'une planète.

CORRECTION DE LA DISTANCE.

1/2 DIAM. INCLINÉ ☉.

$C.\,d.\,T.\,d = 15'\,49'',7$ [1]
$-\,T.\,XVIII = -\ \ 1,0$

$dv = 15'\,48'',7$

1/2 DIAM. INCLINÉ ☾.

$C.\,d.\,T.\,d = 15'\,39'',9$
$+\,T.\,XVII = +\ 12,5$

$d' = +\,15'\,52'',4$
$-\,T.\,XVIII = -\ \ 0$

$dv = 15'\,52'',4$

DISTANCE APPARENTE.

$D_{s_i} = 62^\circ\,08'\,16''$
$e = +\ \ 1\ 10$

$D_{s_e} = 62^\circ\,09'\,26''$
$dv_{☉} = 15\ 48,7$
$dv_{☾} = 15\ 52,4$

$D_{s_e} = 62^\circ\,41'\,07''$

CALCUL DES PARALLAXES RÉFRACTÉES.

LUNE.

$He_{☾} = 54^\circ\,57'\,45''$
$T.\,XXII = -\ 32$

$Ha_{☾} = 54^\circ\,26'$

$+\,T.\,XIX = +\ 11'$

$Hg = 54^\circ\,37'$

$T.\,VII\ Rm = 0'\,40'',7$
$T.\,VIII \begin{cases} \theta & -\ 2,2 \\ \beta & +\ 0,4 \end{cases}$ [2]

$R = 0'\,38'',9$
$\log R = 1,5899$
$\text{colog}\cos Hg = 0,2373$

$\log \frac{R}{\cos Hg} = 1,8272$
$\frac{R}{\cos H} = 67'',2$

$\pi_{e☾} = 57'\,23'',6$
$-\,T.\,XXI = -\ 6$

$\pi_{☾} = 57'\,17'',6$
$-\frac{R}{\cos H} = -1\ 07,2$

$\pi'' = 56'\,10'',4$

$= 3370'',4$

SOLEIL.

$He_{☉} = 23^\circ\,57'\,30''$
$+\,T.\,VII = +\ 2'\,11$

$Ha_{☉} = 23^\circ\,59'\,41''$

$+\,T.\,XIX = +\ 1'$

$Hg = 24^\circ\,00'$

$T.\,VII\ Rm = 2'\,10'',6$
$T.\,VIII \begin{cases} \theta & -\ 7,3 \\ \beta & +\ 1,4 \end{cases}$ [2]

$R = 2'\,04'',7$
$124'',7$
$\log R = 2,0959$
$\text{colog}\cos Hg = 0,0392$

$\log \frac{R}{\cos Hg} = 2,1351$
$\frac{R}{\cos Hg} = 136'',5$

$\pi_{☉} = 8'',7$
$-\frac{R}{\cos H} = -136,5$

$\pi'' = -127'',8$

[1] Inutile s'il s'agit d'une planète ou d'une étoile.

[2] Corrections à prendre soigneusement. Si $Ha > 41^\circ$, au lieu de calculer $\frac{R}{\cos H}$, on pourra trouver plus commode de l'avoir indirectement par $\frac{58'',3}{\sin H} \times$ facteurs table II (Conn. des temps). Le log. de 58,3 est 1,76567.

Parallaxes en Ⱥ☾ *et en* D☾.

$\pi'' = 3370'',4$
$Lg = +48°11'15''$
$D_☾ = +14\ 28\ 15$
$Ⱥ_☾ - Tsg = -\ 0^h42^m40^s$

T. D.

log = 3,52768
log cos = $\bar{1}$,89393
colog cos = 0,01400
log sin = $\bar{1}$,26706 –
log 1ᵉʳ terme = 2,63269 –
1ᵉʳ terme = – 429″,2
2ᵉ terme – 4 4
$Ⱥ' - Ⱥ_☾$ = – 433″,6
= – 7′13″,6
= – 0ᵐ28ˢ,90

(La table A donne approxᵗ – 7′,2.)

$\dfrac{Ⱥ' - Ⱥ}{2} = -\ 0^h00^m14^s,5$
$Ⱥ - Tsg = -\ 0\ 42\ 40,2$
$\varepsilon = -\ 0^h42^m54^s,7$

log tg Lg = 0,04842 +
log cos = 0,00000 +

colog cos = 0,00765 +

log tg γ = 0,05607 +
γ = + 48°41′15″ (1)
D = + 14 28 15
D – γ = – 34°13′00″

(La table C donne approxᵗ γ = 48°50′.)

log π″ = 3,52768
log sin Lg = $\bar{1}$,87235

(1) colog sin γ = 0,12430

log sin = $\bar{1}$,74999 –
log 1ᵉʳ terme = 3,27432 –
1ᵉʳ terme = – 1880″,7
T. F. 2ᵉ terme – 26 8
$(D' - D)_☾$ = – 1907″,5
– 31′47″,5

(La table B donne approxᵗ – 31′7.)

Parallaxes en Ⱥ☉ *et en* D☉.

$\pi'' = -\ 127'',8$
$Lg = +48°11'15''$
$D_☉ = +20\ 23\ 15$
$Ⱥ_☉ - Tsg = -\ 5^h05^m53^s$

T. E.

log = 2,10653 –
log cos = $\bar{1}$,82393
colog cos = 0,02809
log sin = $\bar{1}$,98778 –
log 1ᵉʳ terme = 1,94632 +
1ᵉʳ terme = + 88″,4
2ᵉ terme 0
+ 88″,4
+ 1′28″,4
+ 0ʰ00ᵐ05ˢ,89

(La table A donne approxᵗ – 1′,4.).

log tg Lg = 0,04842 +

(2) colog cos (Ⱥ – Tsg) = 0,63089 +
tg γ = 0,67931 +

γ = + 78°10′45″
D = + 20 23 15
D – γ = – 57°47′30″

(La table C donne approxᵗ γ = 78°30′.)

log π″ = 2,10653 –
log sin Lg = $\bar{1}$,87235 +

(3) colog sin γ = 0,00931 +

log sin = $\bar{1}$,92747 –
(4) log $(D' - D)_☉$ = 1,91566 +
$(D' - D)_☉$ = + 82″,3
+ 1′22″,3

(La table B donne approxᵗ + 1′3.)

(1) Prendre γ sans interpolation à 15″. Si γ < 6°, conduire l'interpolation de façon à passer directement de tg γ à sin γ.

(2) Pour le Soleil et les Planètes, on néglige le terme $\dfrac{Ⱥ' - Ⱥ}{2}$ dans le calcul de γ.

(3) Si γ < 4°, conduire l'interpolation de façon à passer directement de tg γ à sin γ.

(4) Le second terme ne dépassant jamais 0″,2 est toujours négligeable.

LUNE.		SOLEIL.	
Æ = 8ʰ 19ᵐ 02ˢ,22	D = 14° 28′ 24″,9	Æ☉ = 3ʰ 55ᵐ 49ˢ,19	D☉ = + 20° 23′ 15″,2
Æ′ − Æ = − 0 28,90	D′ − D = − 31 47,5	Æ′ − Æ = + 0 00 05,89	D′ − D = + 1 22,3
$Æ'_m$ = 8ʰ 18ᵐ 33ˢ,32	D'_m = 13° 56′ 37″,4	$Æ'_m$ = 3ʰ 55ᵐ 55ˢ,08	D'_m = 20° 24′ 37″,5
pour ∓ 2ᵐⁱⁿ ∓ 4,42	pour ∓ 2ᵐⁱⁿ ± 17,0	pour ∓ 2ᵐⁱⁿ ∓ 0,33	pour ∓ 2ᵐⁱⁿ ∓ 1,0
☾ { $Æ'_1$ = 8ʰ 18ᵐ 28ˢ,90	D'_1 = 13° 56′ 54″,4	☉ { $Æ'_1$ = 3ʰ 55ᵐ 54ˢ,75	D'_1 = 20° 24′ 36″,5
☾ { $Æ'_2$ = 8 18 37,74	D'_2 = 13 56 20,4	☉ { $Æ'_2$ = 3 55 55,41	D'_2 = 20 24 38,5

$Æ'_1$☾ = 8ʰ 18ᵐ 28ˢ,90
$Æ'_1$☉ = 3 55 54,75
diff = 4ʰ 22ᵐ 34ˢ,15
\+ 13° 56′ 54″
\+ 20 24 37

log sin = $\bar{1}$,382101 +
log sin = $\bar{1}$,542502 +
$\bar{2}$,924603
$\bar{1}$,574195
diff = $\bar{1}$,350408

log cos = $\bar{1}$,615353 +
log cos = $\bar{1}$,987001
log cos = $\bar{1}$,971841
$\bar{1}$,574195 +

T. d'Ad. 0.087811
log cos D_{s_1} = $\bar{1}$,662006
D_{s_1} = 62° 39′ 51″

$Æ'_2$☾ = 8ʰ 18ᵐ 37ˢ,74
$Æ'_2$☉ = 3 55 55,41
diff = 4ʰ 22ᵐ 42ˢ,33
\+ 13° 56′ 20″
\+ 20 24 39

log sin = $\bar{1}$,381813 +
log sin = $\bar{1}$,542513
$\bar{2}$,924326 +
$\bar{1}$,573640
$\bar{1}$,350686

log cos = $\bar{1}$,614781 +
log cos = $\bar{1}$,987019
log cos = $\bar{1}$,971840
$\bar{1}$,573640 +

T. d'Ad. = 0.087862
log cos D_{s_2} = $\bar{1}$,661502
D_{s_2} = 62° 41′ 55″

CALCUL DE Tmp ET $Tmp - A$.

$$D_{s_1} = 62^\circ 39' 51''$$
$$D_{s_2} = 62\ 41\ 55$$
$$Var = \quad 2'\ 04''\ \text{en}\ 240^s$$

$$D_{s_1} = 62^\circ 39' 51''$$
$$D_{s_a} = 62\ 41\ 07$$
$$1'\ 16'' = 76''$$
$$x = 240 \times \frac{76}{124} = 147^s,1$$

$$x = 0^h 02^m 27^s,1$$
$$Tmp = 10\ 27\ 20$$
$$Tmp = 10^h 29^m 47^s,1$$
$$A = 7\ 51\ 56$$
$$Tmp - A = 2^h 37^m 51^s,1$$

CALCUL DES DISTANCES AUXILIAIRES DANS LE CAS D'UNE DISTANCE COMPRISE ENTRE 60° ET 3°,5 OU MÊME 0°.

On a obtenu

$$Æ_{1☾} = 8^h 18^m 30^s,46 \qquad Æ_{1\star} = 7^h 05^m 17^s,63$$
$$D_{1☾} = +13^\circ 56' 46'',8 \qquad D_{1\star} = 20^\circ 24' 39'',5$$

$$Æ_{1☾} = 8^h 18^m 30^s,46$$
$$Æ_{1\star} = 7\ 05\ 17,63$$
$$\text{diff.} = 1\ 13\ 12,83$$
$$1/2\ \text{diff.} = 0^h 36^m 36^s,42$$
$$D_{1☾} = +13^\circ 56' 47''$$
$$D_{1\star} = +20\ 24\ 40$$
$$\text{diff.} = 6^\circ 27' 53''$$
$$1/2\ \text{diff.} = 3^\circ 13' 56'',5$$

$$\log\sin = \bar{1},201533$$

$$\log\sin = \bar{2},751166$$
$$2\log\sin = \bar{3},502332$$
$$\bar{2}.361910$$
$$\text{diff.} = \bar{1}.140422$$

$$2\log\sin = \bar{2},403066$$
$$\log\cos = \bar{1},987005$$
$$\log\cos = \bar{1},971839$$
$$\bar{2}.361910$$

$$\text{Table d'Add.} = 0.056208$$
$$2\log\sin\frac{D_s}{2} = \bar{2},418118$$
$$\log\sin\frac{D_s}{2} = \bar{1},209059$$
$$\frac{D_s}{2} = 9^\circ 18' 47'',2$$
$$D_s = 18^\circ 37' 34'',4$$

On a obtenu

$$Æ_{1☾} = 4^h\,21^m\,17^s,53 \qquad Æ_{1*} = 4^h\,12^m\,46^s,73$$
$$D_{1☾} = 28°\,17'\,30'',5 \qquad D_{1*} = 28°\,29'\,21'',7$$

$$\begin{aligned} Æ_{1☾} &= 4^h\,21^m\,17^s,53 \\ Æ_{1*} &= 4\ \ 12\ \ 46\ ,73 \\ \hline a_r &= 8^m30^s,80 \\ &= 7662'',0 \\ \log a_r &= 2,884342 \\ \log\cos D_m &= \bar{1},944343 \\ \hline \log a''_r \cos D_m &= 3,828685 \\ 2\log &= 7,657370 \\ \overline{a''_r \cos D_m}^2 &= 45433000\ ^{(1)} \end{aligned}$$

$$\begin{aligned} D_{1☾} &= 28°\,17'\,30'',5 \\ D_{1*} &= 28\ \ 29\ \ 21\ ,7 \\ \hline \text{diff} &= 11'\,51'',2 \\ &= 711'',2 \\ \log \text{diff} &= 2,851992 \\ 2\log\text{diff} &= 5,703984 \\ \text{diff}''^2 &= 505806\ ^{(1)} \end{aligned} \quad \Bigg\} \ D_m = 28°\,23'\,5$$

$$\begin{aligned} \overline{a''_r \cos D_m}^2 &= 45433000\ ^{(1)} \\ \text{diff}''^2 &= 505806 \\ \hline \overline{D''_s}^2 &= 45938806 \\ \log &= 7,662180 \\ \tfrac{1}{2}\log = \log D''_s &= 3,831090 \\ D''_s &= 6777'',8 \\ D''_s &= 1°\,52'\,57'',8 \end{aligned}$$

CALCUL DE L'HEURE *Tmp* D'UNE OCCULTATION D'ÉTOILE PAR LA LUNE.

Les formules sont celles des distances lunaires $D_s < 3°,5$.

Le calcul se simplifie par la suppression :

1° Des termes correcteurs de la réfraction;

2° Des corrections des éléments du second astre.

Remarque. — L'observation étant susceptible d'une grande précision, il importe pour en tirer un bon parti de faire les corrections des éléments lunaires avec une précision très grande.

Le 2 mars 1901, par

$$\begin{cases} L = 48°\,23'\,30''\ \text{Nord} \\ G = 0^h\,27^m\,19^s\ \text{Ouest} \end{cases}$$

on a observé l'immersion de χ Écrevisse, à $M = 6^h\,57^m\,28^s$.

$$A - M = 1^h\,17^m\,58^s \qquad Tmp - A\,(\text{app}) = 2^h\,38^m\,10^s \qquad Hv_{☾} = 53°\,24$$

Calculer l'heure de Paris et l'état rectifié du chronomètre.

(1) Il sera plus rapide de recourir à la table d'addition.

CALCUL DE Tmp ET DES ÉLÉMENTS C. d. T.

CALCUL DE Tmp APPR.

M = 6h 57m 28s
A — M = 1 17 58
Tmp — A = 2 38 10
app. Tmp = 10h 53m 36s

CALCUL de Æ☾ ET D☾

à Tmp = 11h, Æ☾ = 9h 01m 59s,26
corr. pour 11h — Tmp (1) = — 13,06
app Æ☾ = 9h 01m 46s,20
corr. Newcomb (2) = — 1,61
à Tmp moyen Æ☾ = 9h 01m 44s,59
corr. pour ∓ 2min (3) ∓ 4s,08
π₀☾ = 55′ 39″,1

D☾ = + 11° 86′ 39″,8
+ 1 00,6
D app. = + 11° 47′ 40″,4
+ 7,5
D☾ = + 11° 47′ 47″,9
± 18,9
d☾ = 15′ 11″,3

Æ★ et D★

Æ★ = 9h 02m 25s,84
D★ = + 11° 03′ 44″,2

CALCUL DE Tsg, Æ☾ — Tsg ET DE Lg.

CALCUL DE Tsg.

Tmp = 10h 53m 36s
G = 0 27 09 O.
Tmp = 10h 26m 17s
à 0h Tmp Æm = 22 38 17,9
corr. pour Tmp = 1 47,4
Tsg = 9h 06m 22s,3

CALCUL DE Æ☾ — Tsg.

Tsg = 9h 06m 22s,3
Æ☾ = 9 01 44,6
Æ☾ — Tsg = — 0h 04m 37s,7

CALCUL DE Lg.

L = 48° 23′ 30″ N.
— T. XX = 11 42
Lg = 48° 11′ 48″ N.

CORRECTION DE d☾.

d☾ = 15′ 11″,3
+ T. XVII = + 12,0
d′☾ = 15′ 23″,3 = 923″,3

(1) Ces corrections doivent être calculées avec toute la rigueur que permettent les tables; à cet effet, calculer la variation par minute pour l'instant $\frac{Tmp + Top}{2}$, ici pour 10h 57.

(2) C. d. T. « Corrections aux coordonnées de la Lune » (qui précède *Explication et usage des Éphémérides*).

(3) Servent au calcul de Æ☾ et D☾ correspondant à Tmp — 2min et à Tmp + 2min; prendre les variations par minute calculées pour Tmp.

PARALLAXE HORIZONTALE DE LA LUNE.

$$\pi_{0☾} = 55'\ 39'',1$$
$$-\text{T. XXI} = \quad -6$$
$$\pi'' = 55'\ 33'',1 = 3333'',1.$$

PARALLAXES EN Æ☾ ET D☾.

$\pi'' = 3333'',1$ $\qquad \log = 3,52284$

$Lg = 48°\ 11'\ 45''$ $\qquad \log\cos = \bar{1},82393 +$

$D_☾ = 11\ \ 47\ \ 45$ $\qquad \text{colog}\cos = 0,00927 +$

$Æ - Tsg = 0^h\ 04^m 37^s,7$ $\qquad \log\sin = \bar{2},30516 -$

$\log 1^{er}\ \text{terme} = 1,66120 -$

$1^{er}\ \text{terme} = -45'',8$

T. D $\quad 2^e\ \text{terme} = -0'',5$

$(Æ' - Æ)_☾ = -46'',3$

$= 0^h\ 00^m 03^s,09$

(La table A donne approxt — 0' 7)

$$\frac{Æ_1 - Æ}{2} = -0^h\ 00^m 01^s,5$$
$$Æ - Tsg = -0\ \ 04\ \ 37,7$$
$$\varepsilon = -0^h\ 04^m 39^s,2$$

(La table C donne approxt 48° 15')

$\log \text{tg}\ Lg = 0,04842 +$

$\log\cos = 0,00000$

$\text{colog}\cos = 0,00009$

$\log \text{tg}\ \gamma = 0,04851 +$

$\gamma^{(1)} = +48°\ 11'\ 45''$

$D = +11°\ 47'\ 45''$

$D - \gamma = -36°\ 24'$

$\log \pi'' = 3,52284 +$

$\log\sin Lg = \bar{1},87235 +$

$\text{colog}\sin = 0,12760 +$[1]

$\log\sin = \bar{1},77336 -$

$\log 1^{er}\ \text{terme} = 3,29615 -$

$1^{er}\ \text{terme} = -1977'',7$

T. F $\quad 2^e\ \text{terme} = -25'',9$

$(D' - D)_☾ = -2003'',6$

$= -33'\ 23'',6$

(La table B donne approxt — 33' 4)

PARALLAXES EN Æ★ ET D★

$$(Æ' - Æ) = 0$$
$$(D' - D) = 0$$

[1] Prendre γ sans interpolation, à 15''; si $\gamma < 6°$, conduire l'interpolation de façon à passer directement de tg γ à sin γ.

CALCUL DES COORDONNÉES ET DISTANCES AUXILIAIRES.

LUNE.

$$Æ☾ = 9^h\,01^m\,44^s,54 \qquad D☾ = +11°\,47'\,47'',9$$

$$Æ' - Æ = 0\;\;00\;\;03,09 \qquad D' - D = -\;\;33\;\;23,6$$

$$Æ'☾ = 9^h\,01^m\,41^s,50 \qquad D = +11°\,14'\,24'',3$$

$$p' \mp 2^{min} = \mp 4,08 \qquad \mp 18\;\;9$$

$$Æ'_1 = 9^h\,01^m\,37^s,42 \qquad D'_1 = 11°\,14'\,43'',2$$

$$Æ'_2 = 9\;\;01\;\;45,58 \qquad D'_2 = +11\;\;14\;\;05,4$$

ÉTOILE.

$$Æ'* = 9^h\,02^m\,25^s,84$$

$$D'* = +11°\,03'\,44'',2$$

$$Æ'_1☾ = 9^h\,01^m\,37^s,42 \qquad D'_1☾ = 11°\,14'\,43'',2$$

$$Æ'* = 9\;\;02\;\;25,84 \qquad D'* = 11\;\;03\;\;44,2$$

$$ar_1 = 48^s,42 \qquad d_1 = 10'\,59'',0$$

$$= 726'',3 \qquad = 659''$$

$$D_m = 11°\,09'\,15''$$

$$\log ar_1 = 2,861116 \qquad \log d_1 = 2,818885$$

$$\log\cos D_m = \bar{1},991718 \qquad 2\log = 5,637770$$

$$\log ar_1 \cos D_m = 2,852834 \qquad d_1^2 = 434280$$

$$2\log = 5,705668$$

$$ar^2\cos^2 D_m = 507770$$

$$ar_1^2\cos^2 D_m = 507770$$

$$d_1^2 = 434280$$

$$D_{s_1}^2 = 942050$$

$$\log D_{s_1}^2 = 5,974074$$

$$\log D_{s_1} = 2,987037$$

$$D_{s_1} = 970'',6$$

$Æ'_2☾ = 9^h 01^m 45^s,58$

$Æ'★ = 9\ 02\ 25\ 84$

$ar_2 = 0^m 40^s,26$

$= 603'',9$

$\log ar_2 = 2,780965$

$\log \cos D_m = \bar{1},991725$

$\log ar_2 \cos D_m = 2,772690$

$2 \log = 5,545380$

$ar_2^2 \cos D_m = 351060$ [1]

$D'_2☾ = 11° 14' 05'',4$

$D'★ = 11\ 03\ 44,2$

$d_2 = 10'\ 21'',2$

$= 621'',2$

$\log d_2 = 2,793231$

$2 \log = 5.586462$

$d_2^2 = 385889$ [1]

$D_m = 11° 09'$

$ar_2^2 \cos^2 D_m = 351060$ [1]

$d_2^2 = 385889$

$D_{s_2}^2 = 736949$

$\log D_{s_2}^2 = 5,867437$

$\log D_{s_2} = 2,933718$

$D_{s_2} = 858'',5$

CALCUL DE **Tmp** ET **Tmp — A** RECTIFIÉ.

$D_{s_1} = 970'',6$

$D_{s_2} = 858,5$

$Var = 112'',1$ en 240^s

$D_{s_1} = 970'',6$

$D_s = 923,3$

diff $= 47'',3$

$$x = \frac{240 \times 47,3}{112,1} = 101^s,3$$

$x = 101^s,3 = 0^h 01^m 41^s,3$

$Tmp_1 = 10\ 51\ 36$

$Tmp = 10^h 53^m 17^s,3$

$A = 8\ 15\ 26\ 0$

$Tmp - A = 2^h 37^m 51^s,3$

[1] Il sera plus rapide de recourir à la table d'addition.

M. Arago.

8

GRAPHIQUE DE PRÉDICTION DES OCCULTATIONS.

PLANISPHÈRE POUR DISTANCES LUNAIRES.

La méthode de calcul des distances lunaires exposée ci-dessus étant indépendante des distances géocentriques données dans la *Connaissance des Temps*, et qui sont en nombre forcément très limité, on a intérêt à faire soi-même le choix des astres les mieux placés pour donner lieu à de bonnes observations de distances. De même, toute observation d'occultation doit être précédée d'une prédiction suffisamment approchée des circonstances de cette dernière.

Ces deux questions ne sont pas absolument indépendantes l'une de l'autre, lorsque la distance lunaire devient très petite. Nous commencerons par montrer comment on peut prédire une occultation.

Graphique de prédiction d'une occultation. — Depuis une vingtaine d'années, divers auteurs ont indiqué pour cela des épures simples et claires, et aujourd'hui il n'y aurait guère que l'embarras du choix entre ces épures. Cependant nous procéderons d'une façon différente.

Le présent travail contient deux tables qui permettent d'obtenir très vite des valeurs suffisamment approchées des parallaxes en Æ et en D de la Lune, pour une époque donnée; le graphique est alors réduit à sa plus simple expression et n'exige aucune pratique. Du reste, on verra plus loin une autre utilisation de ces tables.

La *Connaissance des Temps* donne, au chapitre *Occultations*, l'ascension droite et la déclinaison apparente de l'astre conjugué et le temps moyen de Paris de la conjonction vraie en ascension droite. Pour les deux heures rondes qui comprennent cet instant, on prendra dans les *Éphémérides de la Lune* les valeurs de l'ascension droite, de la déclinaison, de la parallaxe et du demi-diamètre.

On calculera les deux angles horaires de la Lune, $Æ_{☾} - Tsg$, en faisant attention au signe; la minute suffit; puis on entrera dans les tables dont il a été question plus haut, et, par une interpolation rapide, on obtiendra les facteurs de la parallaxe qui donnent les parallaxes en ascension droite et en déclinaison $(Æ' - Æ)_{☾}$ et $(D' - D)_{☾}$.

Appliquant ces quatre parallaxes respectivement aux deux valeurs vraies de l'ascension droite et de la déclinaison de la Lune, on obtiendra les mêmes coordonnées apparentes pour les deux époques adoptées. Enfin on fera la différence algébrique entre ces coordonnées apparentes et celles de l'astre conjugué.

On prendra ensuite un papier quadrillé, à carreaux de 4 à 5 millimètres de côté, et on choisira deux lignes perpendiculaires comme axes rectangulaires; l'origine figurera la position de l'astre conjugué; dès lors,

1

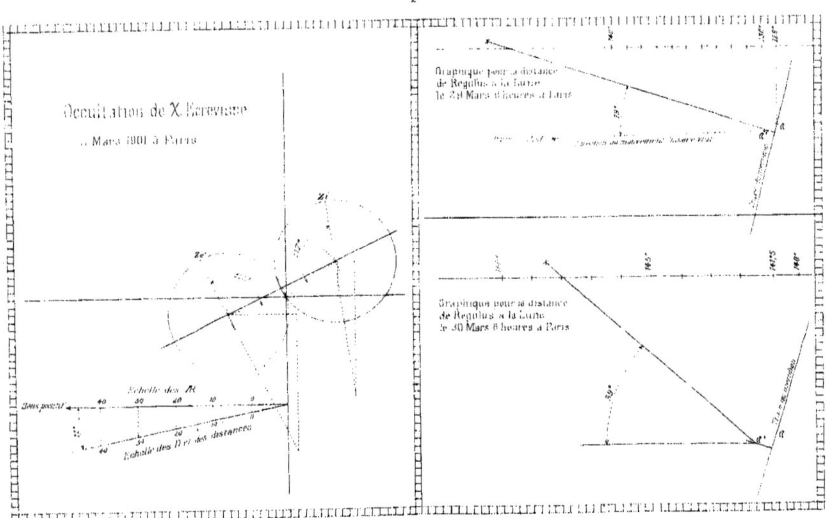

les positions apparentes de la Lune pour les deux heures rondes de Paris auront respectivement pour coordonnées :

Occultation de X Écrevisse
Mars 1901 à Paris
Échelle des Æ
Sens positif
40
30
20
10
0
Échelle des D et des distances
Graphique pour la distance
de Regulus à la Lune
le 30 Mars 6 heures à Paris
145°
142,5
140°
39°

$$(1)\begin{cases}\mathrm{AR}'_{☾} - \mathrm{AR}_{*}\\ D'_{☾} - D_{*}\end{cases}\qquad\qquad (2)\begin{cases}\mathrm{AR}'_{☾} - \mathrm{AR}_{*}\\ D'_{☾} - D_{*}\end{cases}$$

On prendra comme échelle des ascensions droites un demi-carreau par minute d'arc; elles seront comptées positivement de la droite vers la gauche. L'échelle des déclinaisons sera égale à un demi-carreau $\times \frac{1}{\cos D}$, par minute d'arc. On pourra la construire sur le papier quadrillé en traçant une ligne inclinée sur l'horizon d'un angle égal à D. On aura ainsi une portion de projection de Mercator; les angles seront donc conservés et les distances pourront être mesurées à l'échelle des déclinaisons.

Joignant les points (1) et (2) par une droite, on aura le chemin apparent de la Lune pendant l'heure considérée. Puis, de l'origine comme centre avec un rayon égal au demi-diamètre lunaire, on décrira un arc de cercle; s'il coupe ce chemin apparent, il y a occultation, car, si des points d'intersection comme centres on décrit des circonférences de rayon égal au demi-diamètre lunaire, elles passeront par l'origine des coordonnées, autrement dit par l'astre conjugué; celui-ci se trouve donc sur le bord du disque lunaire.

Pour connaître les époques correspondantes, on admettra que le déplacement lunaire apparent est sensiblement uniforme entre les deux heures de Paris choisies, ou même un peu en dehors, et on relèvera sur le graphique les éléments de la proportion à établir.

Exemple. — Proposons-nous de prévoir les circonstances de l'occultation de x Écrevisse pour le 2 mars 1901 à Paris.

Le temps moyen de Paris de la conjonction vraie en ascension droite est $11^h 13^m$ (*Connaissance des Temps*, p. 583). Nous relevons aussi (p. 582),

$$\begin{cases}\mathrm{AR}_{*} = \quad 9^h\,02^m\,25^s{,}84\\ D_{*} = +11^\circ\,03'\,44''{,}2\end{cases}$$

Pour les heures rondes 11^h et 12^h de Paris, nous prenons (p. 102) :

$$(1)\begin{cases}\mathrm{AR}_{☾} = \quad 9^h\,01^m\,59^s{,}26\\ D_{☾} = +11^\circ\,46'\,39''{,}8\end{cases}\qquad (2)\begin{cases}\mathrm{AR}_{☾} = \quad 9^h\,04^m\,01^s{,}59\\ D_{☾} = +11^\circ\,37'\,10''{,}3\end{cases}\qquad \begin{matrix}\tfrac{1}{2}\text{ diam.} = 15'{,}2\\ \text{paral}^{\text{t}}. = 55'{,}6\end{matrix}$$

Puis,

$$\begin{array}{rlr}
 & Tmp_1 = 11^h\,00 & Tmp_2 = 12^h\,00\\
\text{Temps sidér. à } 0^h \text{ moyen} = & 22\ \ 40 & = 22\ \ 40\\
\hline
 & Tsp = 33^h\,40 \text{ ou } 9^h\,40 & = 34^h\,40 \text{ ou } 10^h\,40
\end{array}$$

et comme la longitude est $0^h 00$, dans cet exemple,

$$Tsg_1 = 9^h 40 \qquad Tsg_2 = 10^h 40$$
$$Ⱥ☾ = 9\ 02 \qquad = 9\ 04$$
$$Ⱥ☾ - Tsg_1 = -0^h 38 = -9^\circ,5 \qquad Ⱥ☾ - Tsg_2 = -1^h 36 = -24^\circ,0$$

avec ces éléments, les tables précitées nous donneront :

$$(1)\begin{cases}(Ⱥ' - Ⱥ) = -\dfrac{113 \times 55,6}{1000} = -6',3 = -25^s,2\\[2ex](D' - D) = -\dfrac{609 \times 55,6}{1000} = -33',8\end{cases}$$

$$(2)\begin{cases}(Ⱥ' - Ⱥ) = -\dfrac{279 \times 55,6}{1000} = -15',5 = -62^s,0\\[2ex](D' - D) = -\dfrac{621 \times 55,6}{1000} = -34',5\end{cases}$$

D'où les coordonnées apparentes et les éléments du graphique.

$Ⱥ☾ =$	$9^h 01^m 59^s,3$	$9^h 04^m 01^s,6$
$Ⱥ' - Ⱥ =$	$-25,2$	$-62,0$
$Ⱥ'☾ =$	$9^h 01^m 34^s,1$	$9^h 02^m 59^s,6$
$Ⱥ_\star =$	$9\ 02\ 25,8$	$9\ 02\ 25,8$
$Ⱥ'☾ - Ⱥ_\star =$	$-51^s,7$ ou $-12',9$	$+33^s,8$ ou $+8',4$

$D☾ =$	$+11^\circ 46',7$	$+11^\circ 37',2$
	$-33,8$	$-34,5$
$D'☾ =$	$+11^\circ 12',9$	$+11^\circ 02',7$
$D_\star =$	$+11\ 03,7$	$+11\ 03,7$
$D'☾ - D_\star =$	$+9',2$	$-1',0$

En faisant le tracé conformément à l'instruction donnée ci-dessus, on trouve qu'il y a occultation, et que la Lune parcourt $47^{mm},0$ sur l'épure entre 11^h et 12^h de Paris. L'immersion se produit lorsque la Lune a parcouru $1^{mm},5$ à partir de sa position de 11^h, c'est-à-dire après $\dfrac{1,5 \times 60}{47}$ ou 2 minutes. L'émersion a lieu lorsque la Lune a parcouru $14^{mm},5$ à partir de sa position de 12^h, c'est-à-dire après $\dfrac{14,5 \times 60}{47}$ ou $18^m,5$ (p. 75).

La *Connaissance des Temps* (p. 632) prédit pour Paris :

Immersion... $11^h 01^m,7$ Émersion.... $12^h 18^m,9$.

PLANISPHÈRE POUR DISTANCES LUNAIRES

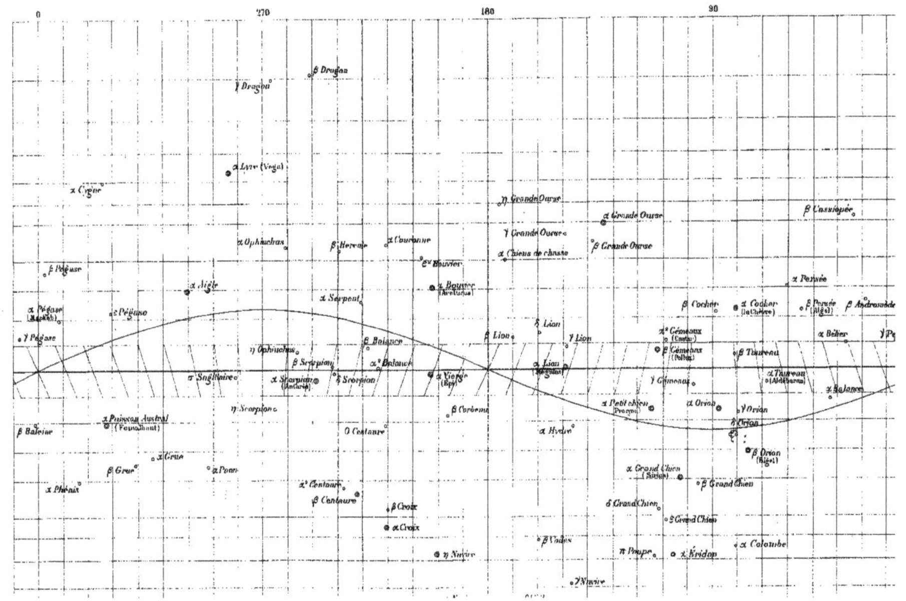

PLANISPHÈRE POUR DISTANCES LUNAIRES

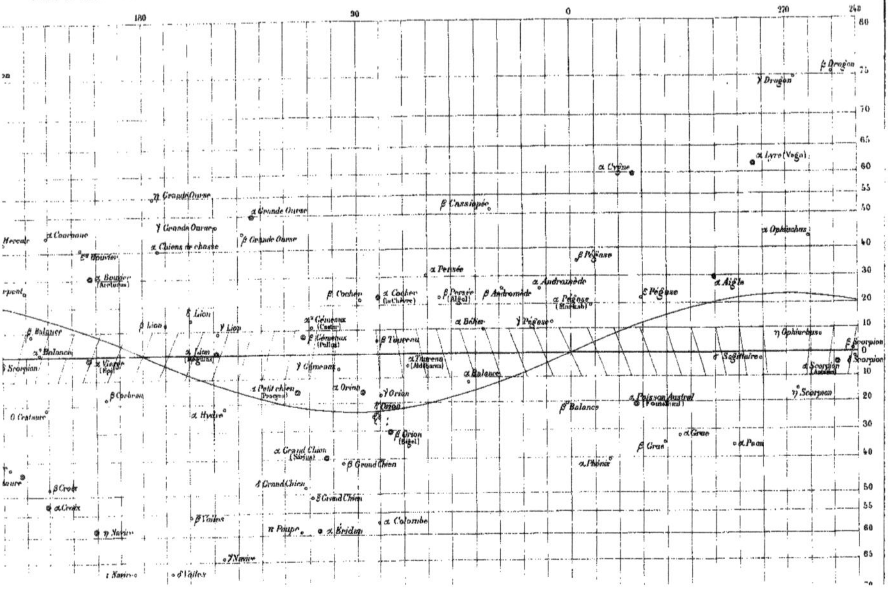

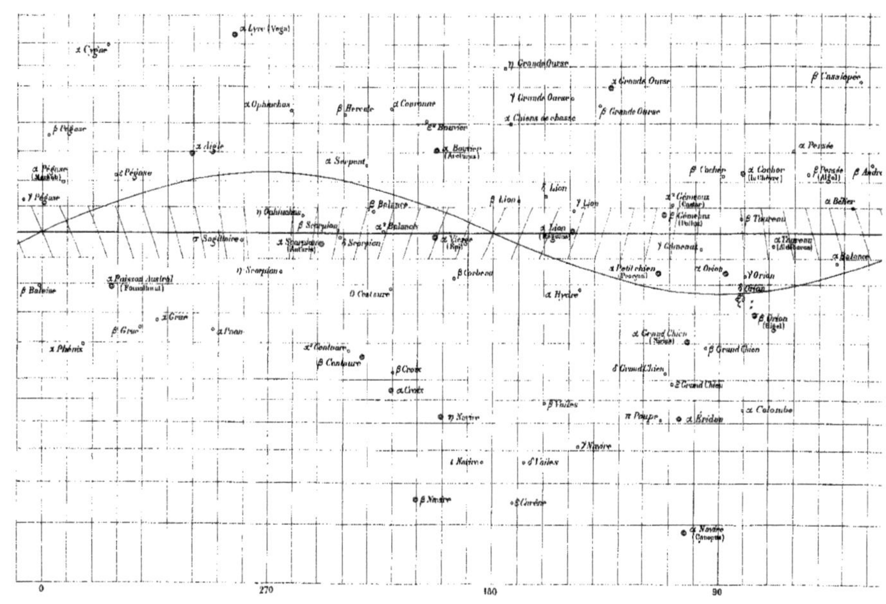

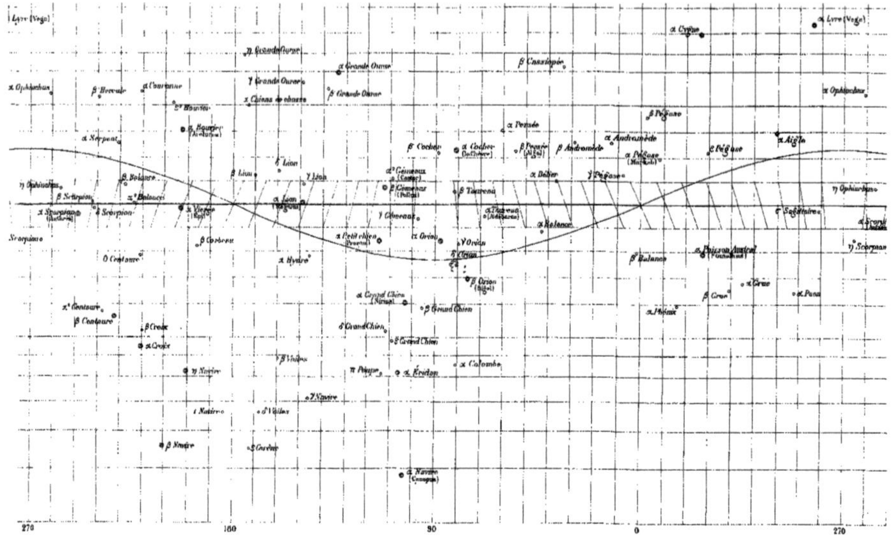

Lyre (Vega)
α Grande Ourse
γ Grande Ourse
β Grande Ourse
β Hercule
α Couronne
α Serpent
β Cocher
δ Lion
β Lion
γ Lion
α Lion
η Ophiuchus
β Scorpion
α Scorpion
δ Scorpion
α Vierge
β Corbeau
α Hydre
α Petit chien
α Orion
γ Gémeaux
β Gémeaux
(Pollux)
θ Centaure
α Grand Chien
(Sirius)
β Grand Chien
δ Grand Chien
ε Grand Chien
β Croix
α Croix
β Voiles
π Poupe
α Éridan
η Navire
γ Navire
δ Voiles
β Navire
α Navire
(Canopus)
α Lyre (Vega)
α Cygne
β Cassiopée
α Ophiuchus
β Pégase
α Persée
α Andromède
β Andromède
α Cocher
α Pégase
ε Pégase
α Aigle
α Bélier
γ Pégase
β Taureau
η Ophiuchus
α Taureau
(Aldébaran)
α Balance
σ Sagittaire
γ Orion
δ Orion
β Orion
(Rigel)
β Balance
α Poisson Austral
α Grue
β Grue
α Paon
α Phénix
α Colombe
η Scorpion
270
180
90
0
270

Il est utile de préciser les régions du contour du disque lunaire où se produiront l'immersion et l'émersion; il suffit pour cela d'orienter le disque tracé sur l'épure pour chacune de ces circonstances, en donnant la trace du vertical qui passe par le centre.

Rappelons que ($Æ' - Æ$), ($D' - D$), qui permettent de passer de la position géocentrique à la position apparente, sont les composantes de la parallaxe en hauteur, qui permet semblablement de passer de la distance zénithale géocentrique à la distance zénithale apparente; or cette dernière parallaxe est dirigée suivant le vertical. Remarquons toutefois que la position apparente étant plus éloignée du zénith que la position vraie, la direction du zénith s'obtiendra en prolongeant l'arc qui va de la première de ces positions à la seconde, en sens inverse, par conséquent, de la parallaxe telle qu'on l'a déterminée.

En définitive, pour les époques de l'immersion et de l'émersion, on calculera les ($Æ_{☾} - Tsg$) et on prendra dans nos tables :

$$\left.\begin{matrix} Æ' - Æ \\ D' - D \end{matrix}\right\} (i) \qquad \left.\begin{matrix} Æ' - Æ \\ D' - D \end{matrix}\right\} (é).$$

Les ($Æ' - Æ$) devront être converties en chemin est-ouest (au moyen de la table de point, ou en utilisant l'angle tracé pour l'échelle des déclinaisons).

Les deux composantes seront portées, chacune à leur échelle, à partir du centre du disque correspondant. La résultante sera prolongée en sens contraire et coupera le bord du disque au point zénith. Il restera à relever sur le graphique la valeur de l'arc compris entre ce point et celui d'immersion ou d'émersion, c'est-à-dire l'origine même; on aura soin de noter si cet arc doit être compté vers la droite ou vers la gauche.

Même exemple. — Pour 11^h02 et pour $12^h18,5$, les ($Æ - Tsg$) sont — 10° et — 28°,5; nos tables donnent :

$$(i) \left\{\begin{matrix} (Æ' - Æ) = - \ \ 6'6 \\ (D' - D) = - 34'1 \end{matrix}\right. \qquad (é) \left\{\begin{matrix} (Æ' - Æ) = - 18',4 \\ (D' - D) = - 34',9 \end{matrix}\right.$$

chemin est-ouest = — 6',5   chemin est-ouest = — 18',1.

En suivant les indications qui viennent d'être données, on trouve les points Zi, $Zé$, où le vertical du centre de la Lune coupe le bord du disque; on lit enfin, avec un rapporteur, que l'immersion se produit à 117° à gauche de Zi, et l'émersion à 102° à droite de $Zé$.

La *Connaissance des Temps* (p. 632) donne pour ces angles-zénith :

Immersion 126°   Émersion = 259° ou 360° — 101°.

Planisphère pour distances lunaires. — On sait que la variation de la distance vraie, pendant un petit intervalle de temps, est égale au produit du déplacement lunaire vrai correspondant, par le cosinus de l'angle que ce déplacement fait avec l'arc Lune-astre conjugué.

Si l'on passe, comme nous le faisons, par les coordonnées auxiliaires telles qu'elles ont été définies, c'est le déplacement des positions auxiliaires qu'il faut considérer. Mais on a vu qu'il est égal et parallèle au déplacement vrai. D'autre part, pour peu que la distance ne soit point inférieure à 20°, l'arc Lune-astre conjugué ne fera jamais qu'un angle peu sensible avec celui qui joint les positions auxiliaires de la Lune et de l'astre conjugué. Dans ces limites, nous ne considérerons donc, pour simplifier, que les positions vraies.

Les distances les plus favorables, pour le calcul de la longitude, sont évidemment celles pour lesquelles l'angle du déplacement lunaire avec l'arc Lune-astre conjugué est le plus petit ; et il y aura à écarter, de prime abord, toutes celles pour lesquelles cet angle serait grand. En dépouillant les cas les plus défavorables, fournis par la *Connaissance des Temps*, on trouve très exceptionnellement que cet angle atteint 60° ; le cosinus de 60° étant $\frac{1}{2}$, les distances correspondantes sont donc, toutes choses égales d'ailleurs, deux fois moins précises que lorsque cet angle est nul. Par précaution, nous nous en tiendrons à 50°, limite qui ne réduit jamais la précision de plus d'un tiers.

Un planisphère céleste a été dressé, avec la convention que l'écliptique y est figuré par la ligne axiale horizontale ; c'est la projection de Mercator qui a été adoptée. Les astres fixes y ont été placés d'après leur longitude et leur latitude (p. 78).

Lorsqu'on veut s'en servir pour chercher qu'elles sont, à une époque donnée, les distances lunaires observables dans de bonnes conditions, il faut y porter le centre de la Lune ainsi que les grosses planètes qui n'en sont point trop distantes. On se servira des longitudes et latitudes géocentriques de ces astres, en les relevant dans la *Connaissance des Temps* par une interpolation à vue. Par exemple, le 29 mars 1901, vers 6 heures de Paris, le centre de la Lune sera figuré par 120° de longitude et par 5° de latitude Sud (*Connaissance des Temps*, 1901, p. 64).

Notons en même temps, pour la Lune, les variations en longitude et en latitude dans un intervalle de 6 heures ; nous trouvons respectivement 189′, et 4′ vers le Sud. L'hypothénuse du triangle rectangle construit avec ces deux éléments comme côtés de l'angle droit nous donnera le déplacement de la Lune pendant le même temps ; son inclinaison sur l'écliptique sera celle de l'élément de l'orbite à cette époque.

Dans l'exemple actuel, la table de point permet de trouver rapidement que le déplacement lunaire est de 189′ en 6 heures, soit 31″,5 par minute, et que l'inclinaison sur l'écliptique est d'environ 1° compté vers le Sud. (En toute rigueur, il faudrait au préalable multiplier 189 par le cosinus de la latitude de la Lune ; mais l'erreur relative ne dépasse jamais 0,004.)

Si, d'autre part, nous possédions les valeurs des inclinaisons, relativement à l'écliptique, des distances de la Lune aux divers astres choisis sur le planisphère, il suffirait d'en retrancher algébriquement l'inclinaison de l'élément de l'orbite, pour avoir les angles de cet élément avec les diverses distances.

Or la détermination des valeurs approchées de ces inclinaisons peut être faite très rapidement, comme nous allons l'expliquer. On sait que la Lune ne s'écarte jamais de plus de 5° de l'écliptique. En adoptant une position moyenne $2°\frac{1}{2}$, on a calculé les éléments d'une sorte de rapporteur transparent, qui accompagne le planisphère. Il offre, autour de son centre, une série de courbes qui, sur le planisphère, représenteraient les arcs de grand cercle faisant avec l'écliptique des angles de 0 degré, 5 degrés, 10 degrés, ... , 60 degrés. L'erreur qui peut résulter de ce que le rapporteur est construit pour une latitude moyenne, et non pour la latitude de chaque cas, n'atteint que très exceptionnellement 4 degrés, ce qui est parfaitement acceptable, pour un renseignement.

On placera donc le centre du rapporteur sur le point du planisphère qui représente le centre de la Lune, et on l'orientera de manière que la ligne dite *parallèle à l'Écliptique* remplisse cette condition. (Il est à peine utile de faire remarquer que, lorsque la Lune sera par une latitude australe, il faudra retourner le rapporteur le haut en bas.) On lira alors par transparence, et en appréciant le degré environ, les inclinaisons sur l'Écliptique des arcs passant par la Lune et par les divers astres.

On a augmenté de 120 degrés en longitude l'étendue normale du planisphère, afin qu'il n'y eût point de région pour laquelle on fût embarrassé de placer le rapporteur; cependant on pourra avoir à déplacer celui-ci, entre les lectures à droite et les lectures à gauche, ce qui ne rendra pas l'opération totale sensiblement plus longue.

La différence algébrique entre chacune de ces inclinaisons et celle de l'élément de l'orbite donnera, pour chaque astre, une valeur suffisamment approchée de l'angle de la direction du déplacement lunaire avec la distance mesurée. Nous savons qu'il est avantageux que cet angle soit petit, et qu'il ne faut pas qu'il dépasse 50°. Si, du reste, λ est cet angle, si E est le déplacement lunaire géocentrique par minute de temps moyen, et si ε est l'erreur inconnue sur la mesure de la distance, il résultera de celle-ci une erreur sur l'heure de Paris égale à $\frac{\varepsilon \times 60^s}{E \cos \lambda}$; ce renseignement complémentaire pourra être calculé avec la table de point.

Le planisphère étant construit d'après la projection de Mercator, on peut lui demander une valeur grossière de la distance que l'on se propose d'observer; à cet effet, on fractionnera l'arc de grand cercle en plusieurs tronçons, et on évaluera chacun d'eux à l'échelle des latitudes qui correspond à sa latitude moyenne; on fera ensuite le total des évaluations.

Exemple. — Le 29 mars 1901, vers 6 heures du soir, on se propose de reconnaître quelles seraient les distances lunaires favorables, au point de vue particulier de la situation des divers astres relativement à la direction du déplacement lunaire à cette époque.

La position de la Lune ayant été portée comme ci-dessus, l'emploi du rapporteur spécial permettra de relever les directions :

À L'OUEST.

α Cocher....	34° vers le Nord.	et en	33°.
β Gémeaux..	37° —	les corrigeant	36°.
β Persée.....	27° —	de la direction	26°.
α Bélier.....	12° —	du mouvement	11°.
α Taureau...	2° vers le Sud.	lunaire,	3°.
α Orion.....	18° —	soit	19°.
β Orion.....	33° —	1° vers le Sud	34°.
α Petit-Chien.	40° —	et l'Est,	41°.

À L'EST.

α Bouvier....	34° vers le Nord.		35°.
α Lion......	14° —		15°.
α Vierge.....	0° —	*Idem.*	1°.
α Scorpion...	0° —		1°.
β Centaure...	43° vers le Sud.		42°.

Les meilleures distances seraient donc données par α Vierge, dans l'Est, et par α Taureau, dans l'Ouest, dont l'observation dans la même nuit procurerait des compensations au point de vue des erreurs constantes du sextant.

α Lion (Régulus), donné par la *Connaissance des Temps*, ne serait plus bien favorable; on remarquera du reste que log. $\frac{3^h}{\text{variation}}$ augmente rapidement dans les heures qui suivent, et que l'emploi des différences troisièmes est indiqué. Néanmoins, la distance étant petite, les facilités d'observation pourront la faire préférer.

Même conclusion pour β Gémeaux (Pollux) donné dans la *Connaissance des Temps*.

Si la distance est inférieure à 20°, on pourra, malgré la réserve faite plus haut, se contenter du renseignement fourni par le planisphère, à la condition que la valeur à la latitude de la Lune soit très peu différente de celle de l'étoile à l'époque où sa longitude est égale à celle de l'étoile. On peut le voir immédiatement dans la *Connaissance des Temps;* ainsi, pour Régulus, la latitude est $+0°,5$ et la longitude 148°,5; or, quand la Lune est elle-même par une longitude de 148°,5 le 31 mars vers 0^h, sa latitude est 5° Sud; il faudra, en conséquence, y regarder de plus près.

On fera un graphique sur papier quadrillé, à une échelle commode; dans ces nouvelles limites, les échelles des latitudes et des longitudes sont pratiquement égales; en outre, les angles lus au rapporteur ordinaire ne peuvent être affectés d'une erreur supérieure à 2 degrés pour les distances comprises entre 20° et 15°, ni supérieure à 1 degré pour les distances comprises entre 15° et 10°.

Le planisphère fournira la longitude et la latitude de l'étoile. D'autre part, on connaît ces mêmes éléments vrais pour la Lune; mais il faudra corriger la position de cette dernière de la parallaxe. A cet effet, on remarquera sur ce planisphère, entre les latitudes $+10$ et -10, des traits généralement peu inclinés sur les cercles de longitude; ce sont les traces des méridiens. En relevant l'inclinaison du trait qui passe près de la position de la Lune, on pourra reporter sur le graphique la trace approchée du méridien de la Lune. Calculant à vue avec nos tables la parallaxe en ascension droite et la parallaxe en déclinaison, on portera cette dernière suivant la trace du méridien, et la première perpendiculairement. On passera de cette façon de la position vraie de la Lune à la position apparente pour l'observateur.

Il restera à lire, avec un rapporteur ordinaire, l'inclinaison sur l'écliptique de la droite Lune apparente-étoile, et à la combiner algébriquement, comme ci-dessus, avec l'inclinaison de l'arc parcouru par la Lune à cette époque.

Appliquons ceci à Régulus, dont les coordonnées sont : $\left\{\begin{array}{l}\text{longitude. } 148°,5\\ \text{latitude. . } +0°,5\end{array}\right\}$; celles de la Lune étant : $\left\{\begin{array}{l}\text{longitude. } 129°\\ \text{latitude. . } -5°\end{array}\right\}$, la parallaxe est 55′. Pour Paris, par exemple, les parallaxes seraient, à vue,

$$(D'-D) = -33' \text{ et } (Æ' - Æ) = +22' \text{ (page 75).}$$

La trace du méridien fait un angle de 14 degrés environ avec le cercle de longitude, ce qui permet de la placer sur l'épure et ensuite de porter les deux parallaxes. On passe ainsi de ☾ à ☾′. Tirons ☾′ — ✱ et, si l'on veut, traçons à partir de ☾′ la direction du mouvement lunaire vrai, qui est, comme nous l'avons vu plus haut, infléchi de 1 degré vers le Sud, l'angle de cette direction avec ☾′ — ✱, 19 degrés, est le renseignement cherché.

Une erreur de mesure de 20″ nous donnerait donc sur le résultat

$$\frac{20 \times 60^s}{31,5 \cos 19°} = 41^s.$$

Considérons le même problème 24 heures plus tard. Les coordonnées de la Lune seront $\left\{\begin{array}{l}\text{longitude. } 141°,5\\ \text{latitude. . } -5°,0\end{array}\right\}$, parallaxe 55′; le mouvement lunaire vrai est parallèle à l'écliptique et égal à 31″ par minute de temps moyen.

Les parallaxes à vue seront $(D'-D) = -36'$ et $(Æ' - Æ) = +27'$. L'angle de la trace du méridien avec le cercle de longitude est 18°. Adoptons une échelle double de celle du cas précédent. L'angle intéressant se trouve être de 39°, c'est un peu la limite jusqu'à laquelle on peut aller, pour profiter de certaines facilités d'observation. Une erreur de mesure de 20″ nous donnerait sur le résultat $\frac{20 \times 60^s}{31 \times \cos 39°}$ ou 50^s.

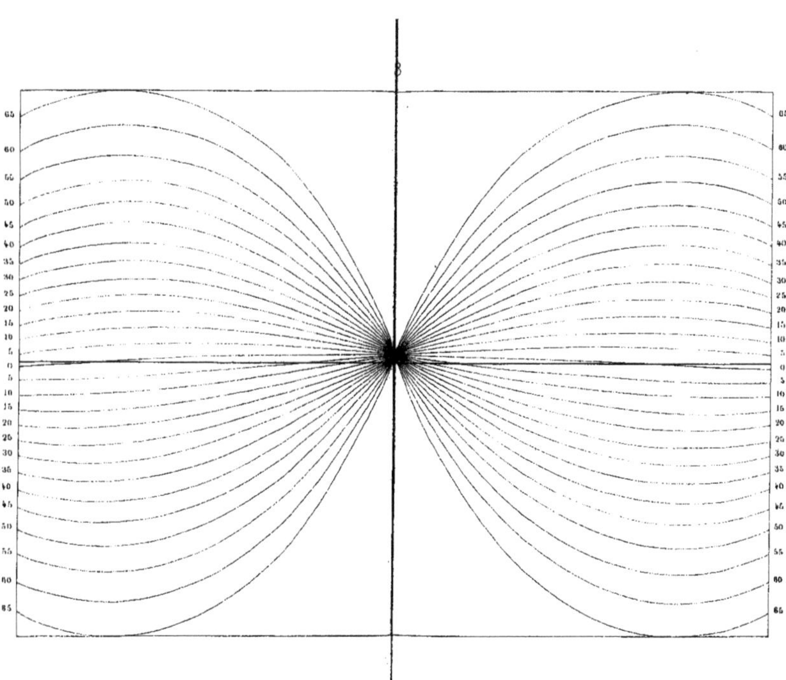

65
60
55
50
45
40
35
30
25
20
15
10
5
0
5
10
15
20
25
30
35
40
45
50
55
60
65

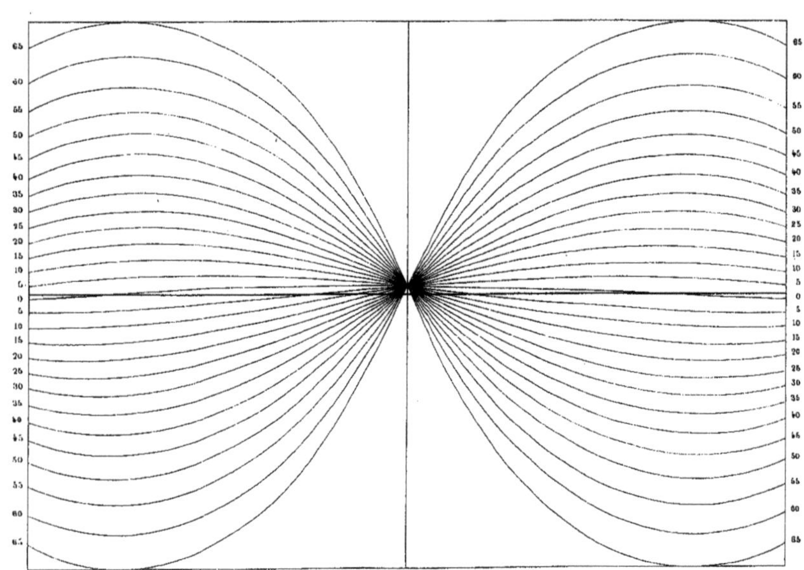
65
60
55
50
45
40
35
30
25
20
15
10
5
0
5
10
15
20
25
30
35
40
45
50
55
60
65

TABLE DES MATIÈRES.

www.ingramcontent.com/pod-product-compliance
Ingram Content Group UK Ltd.
Pitfield, Milton Keynes, MK11 3LW, UK
UKHW012042240726
13965UKWH00003B/988